Die Gewinnung, Haltung und Aufzucht keimfreier Tiere und ihre Bedeutung für die Erforschung natürlicher Lebensvorgänge.

Von

Regierungsrat, Professor **Dr. Küster,**
Mitglied des Kaiserlichen Gesundheitsamtes.

Sonderabdruck aus
„Arbeiten aus dem Kaiserlichen Gesundheitsamte", Band XLVIII, Heft 1.

Springer-Verlag Berlin Heidelberg GmbH
1914

ISBN 978-3-662-24123-3   ISBN 978-3-662-26235-1 (eBook)
DOI 10.1007/978-3-662-26235-1

Überall in der belebten Natur finden sich stets eine große Reihe verschieden hoch organisierter Lebewesen nebeneinander. Vom entwicklungsgeschichtlichen Standpunkte müssen wir die Grundursache dieser Erscheinung darin erblicken, daß sich auch heute noch in der Natur dieselben Schöpfungsvorgänge abspielen, die schon vor undenklichen Zeiten aus der Einzelle den Menschen hervorgehen ließen, wenn auch die wenigen Jahrtausende geschichtlicher Überlieferung natürlich von derartigen Umwandlungen nichts zu berichten wissen. Die Zeiten, welche dafür erforderlich erscheinen, sind für das Zeitvorstellungsvermögen des Menschen so unendlich groß, daß er die Fauna der Erde als eine abgeschlossene feststehende Schöpfung auffaßt und in den Beziehungen, sowie in der Gruppierung der einzelnen Tierarten zueinander mehr das Zweckmäßige als das Folgerichtige erblickt.

Mit dem Aufblühen der exakten Naturwissenschaften, insbesondere mit der Ausbildung der mikroskopischen Technik und den raschen Fortschritten der Kenntnisse in der Bakteriologie hat von allen Beziehungen in der belebten Natur die Stellung der niedersten Lebewesen, der Spaltpilze, zu den höchstorganisierten, den Säugetieren, das größte Interesse hervorgerufen. Schon die ersten dahingehenden Untersuchungen lehrten, daß die Spaltpilze die Hauptursache für Krankheit und Tod des Menschen abgeben; aber sehr bald rang sich auch die Erkenntnis durch, daß die gleichen oder nahestehenden Lebewesen wenigstens mittelbar, z. B. bei der Gewinnung und Zubereitung von Nahrungsmitteln, für die Erhaltung des Menschen von der größten Bedeutung sind.

Strittig war und ist größtenteils noch, wieweit die Spaltpilze unmittelbar für das Leben höherer Tiere in Betracht kommen, beziehungsweise notwendig sind. Der Nachweis der großen Verbreitung der Spaltpilze über die ganze belebte Erde, im Verein mit der Erforschung der gewaltigen Umsetzungen, welche diese niedersten Lebewesen trotz ihrer Kleinheit hervorzubringen vermögen, ließen den Gedanken der unmittelbaren Notwendigkeit sehr naheliegend erscheinen. Nicht nur die Umgebung der höheren Tiere, sondern auch alle mit der Außenwelt in offener Verbindung stehenden Körperhöhlen derselben sind ständig von Spaltpilzen besiedelt.

Bei Organismen, die in der Tierreihe eine noch verhältnismäßig einfache Entwicklungsstufe in sich verkörpern, bei denen die einzige offene Körperhöhle — Urdarm — nur eine Einstülpung der Blastulawand in die Furchungshöhle darstellt (Gastrulastadium), muß natürlich die Mikrobenflora des Urdarms vollständig derjenigen der Umgebung entsprechen. Es ist demnach keine eigentümliche, dem betr. Lebewesen eigene Bakterienflora vorhanden, sondern diese wechselt mit der Spaltpilzflora der Umgebung. Derartig einfachste Verhältnisse bezüglich Art und Menge der Spaltpilze in tierischen Körperhöhlen finden sich aber nicht nur bei niedersten Tieren, sondern lassen sich bis zu hohen Entwicklungsstufen der Tierwelt — ja, in gewisser Beziehung noch bei den Menschen — verfolgen. Bei Quallen, Polypen, Holothurien, Korallentieren, Schwämmen, Seeigeln, Wasserschnecken usw., aber auch bei Regenwürmern und selbst bei Fischen entspricht nach Schottelius u. a. die Zusammensetzung der Bakterienarten in den offenen Körperhöhlen im wesentlichen der der umgebenden Außenwelt; auch im Naseninnern und im Luftröhrensystem der höheren Tiere und des Menschen kann noch keine konstante und spezifische Mikrobenflora festgestellt werden. Der Grund dafür ist darin zu suchen, daß alle die genannten Körperhöhlen in einem so beständigen und regen Austausch ihres Inhaltes mit dem umgebenden Medium stehen, daß ein Seßhaftwerden bestimmter Typen, unabhängig von der Spaltpilzbesiedlung der Umgebung, ausgeschlossen erscheint. Entsprechend müßte überall dort, wo ein gewisser Abschluß der Körperhöhle gegen die Außenwelt besteht, oder die freie Passage des Mediums durch besondere Verhältnisse (z. B. Schleimbildung) gehemmt und erschwert ist, sich eine spezifische Zusammensetzung der Spaltpilzflora ausbilden, vorausgesetzt, daß nicht irgendwelche bakterienfeindliche Einflüsse die Ansiedlung von Keimen überhaupt verbieten. Der Darm aller Tiere, in dem die Nahrung einen längeren Weg zurücklegen muß und einer wirksamen weitgehenden Verdauung unterworfen wird, also bei fast allen höheren Tieren, speziell Säugetieren und Menschen, ist durch eine bestimmte, ständig vorkommende Bakterienflora charakterisiert, aber auch in der Mundhöhle und der Vagina ist es aus oben erwähnten Gründen zur dauernden Ansiedlung bestimmter Spaltpilzformen gekommen.

Die Artenzahl und absolute Menge der in offenen Körperhöhlen, speziell im Darm gefundenen bodenständigen Keime schwankt natürlich unter dem Einfluß der Ernährungsweise, des Gesundheitszustandes usw. bei den gleichen Individuen in weiten Grenzen. Auch scheinen in derselben Tierklasse und unter sonst ähnlichen Lebensbedingungen die einzelnen Tierarten wesentlich verschiedene Verhältnisse darzubieten. Über diese interessanten und wegen ihrer Schlußfolgerungen anregenden wichtigen Fragen des Bakteriengehaltes im Darmkanal höherer Tiere haben besonders Metschnikoff und seine Schüler zahlreiche Erhebungen und Untersuchungen angestellt. Sie fanden, daß Tiere, die ein hohes Lebensalter zu erreichen pflegen, im allgemeinen nur wenige Bakterienarten und diese in geringer Individuenzahl in ihrem Darmkanal beherbergen, und daß im Darmkanal, speziell Dick- und Blinddarm dieser Tiere, die Ingesta nur verhältnismäßig kurze Zeit verweilen. Umgekehrt müßte entsprechend das Lebensalter der Arten nur ein kurzes sein, die eine art- und bakterienreiche Flora in einem großen und selten entleerten Dickdarm beherbergen. Diese Schlußfolgerungen scheinen in vielen Fällen tatsächlich zuzutreffen, wenn natürlich auch hier wie überall Abweichungen von der Regel vorkommen, für die unser Wissen bisher keine ausreichenden Erklärungen zu geben gestattet. Papageien, Raben, Raubvögel haben einen bakterienarmen Darminhalt und erreichen ein hohes Alter, während die Laufvögel: Strauße, Casuare, Tinamus in ursächlichem Zusammenhang mit ihrer Lebensweise (Laufen großer Strecken) ihren Darmkanal seltener entleeren, einen großen Bakteriengehalt der Ingesta aufweisen und verhältnismäßig kurzlebig sind. Krokodile (und ihre Verwandten) haben wenig Darmbakterien und werden sehr alt. Der Mensch hat eine reiche Bakterienflora und erreicht ein verhältnismäßig geringes Lebensalter. Abweichungen von der Regel sind natürlich nicht schwer zu finden. Elefanten erreichen ein sehr hohes Lebensalter; Enten werden trotz der ständigen Entleerungen und des kurzen Verweilens der Nahrung in ihrem Darmkanal nicht alt.

Nicht unerwähnt möchte in diesem Zusammenhang bleiben, daß von zoologischer Seite dem Gedanken Ausdruck gegeben wurde, daß die Gesamtlebensdauer mit der Pubertätszeit insofern in Zusammenhang stände, als alle diejenigen höheren Tiere, die spät zur Fortpflanzung schreiten, ein hohes Lebensalter erreichen und umgekehrt. Auch diese Anschauung trifft in vielen Fällen zu. Elefanten werden mit etwa 15 Jahren fortpflanzungsreif und sehr alt. Ziegen vermehren sich schon im ersten Lebensjahr und erreichen ein Alter von etwa 10—15 Jahren. Pferde sind im 4. Jahre geschlechtsreif und werden bis 40 Jahre alt. Im Gegensatz hierzu erreicht der Mensch trotz seines späten Fortpflanzungstermins ein verhältnismäßig kurzes Lebensalter, auch wenn man den das Leben verkürzenden Einfluß der Kulturverhältnisse mit in Rechnung setzt.

Der innere Grund für das Vorhandensein oder Fehlen von Bakterien und ihrer Tätigkeit darf natürlich nicht teleologisch in den Bedürfnissen der höheren Tiere, sondern muß in dem Daseinskampfe der Spaltpilze selbst gesucht werden.

Jeder Spaltpilz hat bestimmte, gewöhnlich die Art charakterisierende Lebensansprüche, die erfüllt werden müssen, um sein Dasein und seine Vermehrung zu ermöglichen. Da die Ansprüche an die Nahrung unendlich klein und offenbar auch noch die Bakterien in dieser Beziehung sehr anpassungsfähig sind, so macht absoluter Mangel an Nahrung kaum jemals das Leben der anspruchslosen Spaltpilze unmöglich. Von größerem Einfluß erscheinen die rein physikalischen Lebensbedingungen; die Lebenstätigkeit der Bakterien erfordert einen bestimmten Wärmegrad, einen bestimmten Feuchtigkeitsgehalt des Nährsubstrates und, je nach der Art verschieden, eine bestimmte Zusammensetzung der Luft zum Gasaustausch. Aus diesen physikalischen Gründen muß daher dem Ausbreitungsgebiet der Bakterien in bestimmten Höhenlagen, in der Tiefe von Erde und im Wasser und endlich auch mit den Breitengraden eine natürliche Grenze gezogen sein.

Für das Vorkommen von Bakterien im Erdinnern sind die örtlichen Verhältnisse (Porosität, Feuchtigkeit, Menge der organischen Substanzen) von ausschlaggebender Bedeutung; im allseitig geschlossenen Boden scheinen nach den vorliegenden Versuchen die Bakterien nur wenige Meter in die Tiefe einzudringen. Ebenso verhält es sich mit dem Grundwasser. In der Tiefsee konnte dagegen Fürst Albert von Monaco noch in 3000 m Tiefe Bakterien in Schlamm und Wasser nachweisen.

Die Spaltpilze der Höhenluft und Höhenorte, besonders auch ihr Vorkommen in den Polargegenden, in- und außerhalb des Tierkörpers, sind Gegenstand eingehender Forschungen geworden. Gerade der Keimgehalt der Polartiere erweckte das besondere Interesse der Bakteriologen, weil man aus dem Fehlen oder Vorkommen der Darmbakterien bei diesen wichtige praktische Schlußfolgerungen über die Notwendigkeit der Darmbakterien überhaupt glaubte ziehen zu können.

Nach den Berichten von Levin fand Nystrom, der im Jahre 1868 mit der Sofia eine Expedition nach Spitzbergen mitmachte, daß die Luft in den Polargegenden viel weniger Keime enthielt als in Europa. Glaskolben mit Nährlösungen, die er offen an die Luft stellte, gingen erst sehr spät in Gärung und Fäulnis über; Blessing, der Nansen auf seinen Polarfahrten begleitete, fand 1897 bei bakteriologischen Luftuntersuchungen überhaupt keine Keime, während in den durch Eisschmelze entstehenden Wasseransammlungen in Vertiefungen von Eisbergen Bakterien nachgewiesen wurden. In zahlreichen Luftproben, die von Nathorst bei einer antarktischen Expedition bakteriologisch geprüft wurden, fanden sich trotz Verwendung großer Luftmengen — bis zu 20000 Litern — nur einmal Bakterien und zweimal Hefezellen. Im Meerwasser der Antarktis wurden pro 10 cbm nur ein Keim gefunden, während an der schwedischen Küste in einem ccm 300 und in der Seine bei Paris 600000 Spaltpilze festgestellt werden konnten.

Entsprechend dem Keimgehalt des Meerwassers erwies sich in Nystroms Untersuchungen der Darminhalt aller niederen Seewassertiere fast in allen Fällen keimhaltig. Auffallend erscheint, daß im Gegensatz hierzu im Darm von Eisbär, Robben, Haifisch, Eidergans, Pinguin und selbst von Krabben, Aktinien und Seeigeln fast niemals Keime angetroffen wurden. Von allen untersuchten Vogelarten war nur der Darm einer Möwenart mit Bakterien besiedelt.

Während eines dreijährigen Aufenthaltes in Spitzbergen hat Nordenskiöld bei keinem der Teilnehmer an der Expedition Diarrhöen, Fieber, Katarrhe oder ähnliche Krankheitserscheinungen auftreten sehen. Diese Tatsache führt er wohl mit Recht auf das Fehlen krankmachender Spaltpilze in der dortigen Gegend zurück, denn der jähe Temperaturwechsel, dem die Mannschaft häufig ausgesetzt war, hätte sonst öfters wenigstens zu Erkältungskrankheiten führen müssen. Eine weitere klinische Erscheinung, von der Nathorst berichtet, kann nach meinen Versuchsergebnissen auch durch das Fehlen von Bakterien erklärt werden (vergl. S. 61 u. 62). Er sah wiederholt, daß Wunden an Händen und Füßen einen sehr langsamen und verzögerten Heilungsverlauf nahmen und meint, diese schlechte Wundheilung werde durch die Wirkung des Salzwassers hervorgerufen.

Im Gegensatz zu den bisher erwähnten Berichten hat Charkot bei seinen Untersuchungen gelegentlich einer französischen, antarktischen Expedition 1905 den Darm von Robben, Pinguinen, Möwen, Kormoranen usw. sowie auch verschiedener Fischarten meist keimhaltig gefunden.

1913 untersuchte Hesse auf einer Fahrt nach Island, Spitzbergen usw. den Darm von Polartieren auf Keimgehalt und fand die Ingesta von einer Eiderente, einer Lumme und einer Schnepfe keimfrei, während im Dünndarm einer zweiten Schnepfe ein wohlcharakterisiertes Doppelstäbchen vorhanden war.

Solange keine einwandsfreien umfangreichen Nachuntersuchungen über den Bakteriengehalt der Tierwelt in den Polargegenden vorliegen, muß man die widersprechenden Befunde als Tatsache hinnehmen. Eine einleuchtende Erklärung erscheint zurzeit für die Differenzen unmöglich und ebensowenig ist es angängig, aus so wenig geklärten Befunden Schlüsse auf die unmittelbare Notwendigkeit oder Entbehrlichkeit von Spaltpilzen für das Leben höherer Tiere und des Menschen zu ziehen.

Auch die Untersuchungen (von Metschnikoff und seinen Schülern) über die Bakterienflora im Darm von Tieren der gemäßigten und warmen Zonen bringen nach meiner Ansicht keinen genügenden Aufschluß.

Als wichtigster und von Metschnikoff hochbewerteter Befund seien hier zunächst die Untersuchungen über den Keimgehalt der in Indien lebenden Augenfledermaus erwähnt. Dieses Tier besitzt keinen eigentlichen Dickdarm; jedenfalls findet in der dem Dickdarm der Säuger entsprechenden Darmpartie kein längeres Verweilen der Ingesta statt. Der Darmkanal und selbst die Mundhöhle enthalten nur ganz vereinzelte Keime, deren Art mit der aufgenommenen Nahrung wechselt. Das Tier nützt seine Nahrung schlecht aus und ist daher auf sehr häufige Nahrungsaufnahme angewiesen. Ein Fütterungsversuch mit Prodigiosus ließ diese Keime schon nach drei Stunden in den Faeces erscheinen, in weiteren 2—3 Stunden fand schon keine Ausscheidung mehr statt. Die Autoren erblicken darin eine mechanische Reinigung des Darmes von den verfütterten Bakterien. Wurde die Augenfledermaus einer Hungerkur unterworfen, so wurden mit den während dieser Zeit gebildeten Darmsekreten reichlich Bakterien entleert. Metschnikoff und seine Mitarbeiter schließen aus den Erhebungen bei der Augenfledermaus, daß allgemein „das tierische Leben ohne Bakterien möglich sei".

Man kann sich bei dieser weitgehenden Schlußfolgerung des Gedankens nicht erwehren, daß in Ermangelung von besserem Tatsachenmaterial dem gewiß interessanten Befund eine zu große Bedeutung beigelegt wird, um eine vorgefaßte Meinung zu stützen. Von einem keimhaltigen Tier darf auf die Möglichkeit keimfreien Lebens anderer Tiere nicht geschlossen werden. An der Möglichkeit keimfreien Lebens überhaupt ist gar kein Zweifel möglich, denn es sind unter natürlichen Bedingungen aseptisch lebende niedere Tiere bereits von Portier 1906 nachgewiesen. Selbst die keimlose Existenzmöglichkeit höherer Tiere abzulehnen, liegt kein stichhaltiger Grund vor, wenn auch bis dahin ein solcher Befund noch nicht erhoben worden ist. Es handelt sich in Wirklichkeit immer darum, ob das Leben höherer Tiere durch Darmbakterien gefördert oder geschädigt wird. Für die Beantwortung dieser praktischen Frage ist aber die keimarme Verdauung der Augenfledermaus nur in beschränktem Maße brauchbar. Es wurde nicht festgestellt, inwiefern die vorhandenen Keime die Verdauung beeinflussen. Will man die Tatsache des spärlichen Vorkommens bei hinreichender Ernährung dahin auslegen, daß sie bei ihrer geringen Anzahl an der Umsetzung der

Ingesta keinen wägbaren Anteil nehmen können, so sollte andererseits nicht unberück-
sichtigt bleiben, daß die Augenfledermaus ihre Nahrung sehr schlecht ausnützt; endlich könnte der Umstand, daß im Hungerzustand der Keimgehalt zunimmt, auch dahin
gedeutet werden, daß die Keime bei der Sekretbildnng eine Rolle spielen, indem sie
einen Reiz dazu abgeben.

Das ständige Vorkommen von Bakterien im Darmkanal bestimmter Tiere ist
zweifellos eine echte Symbiose; ob diese einer Forderung der Zweckmäßigkeit für das
Wirtstier entspricht oder im Gegenteil nachteilig wirkt, ist aus der Tatsache an sich
nicht erkennbar, jedenfalls ist sie für die Entwicklung eines von beiden „erhaltungs-
mäßig".

Zweifellos natürlich keimfreie Tiere hat zuerst Portier aufgefunden. Verschiedene Mikrolepidopteren der Gattung Tinea kleben ihre Eier bei der Ablage an grüne
Blätter an. Die sich entwickelnde Larve durchbohrt die Eischale an der Anheftungs-
stelle gleichzeitig auch die zugekehrte Epidermis des Blattes und gelangt so in das
aseptische Innere des Blattparenchyms. In diesem frißt sie, als Minierlarve, charak-
teristische Gänge und verbleibt in ihnen, bis sie zur Verpuppung herangereift ist. Bei
einigen Arten, Lithocolletis und Nepticula, wird durch die Miniergänge die Epidermis
des Blattes niemals verletzt und die Larve muß daher keimfrei sein, sofern nicht zufällig vom Ei her oder bei der Einbohrung Spaltpilze mit eingebracht wurden; bei
zahlreichen Untersuchungen wurden die Raupe von Nepticula immer, die von Lithocolletis in $^1/_3$ der Fälle keimfrei gefunden. Eine weitere Art, Tichleria, bringt an
ihren Miniergängen bei Bedarf Öffnungen nach außen an, um ihre Exkremente hinaus-
zubefördern: die Raupen dieser Art erwiesen sich immer mit Keimen infiziert.

Bei einem anderen Insekt, dem Seidenspinner, konnte Couvreur verfolgen, wie
sein Gehalt an Darmkeimen je nach dem Entwicklungsstadium wechselt. Der Darm
der Seidenraupe enthält immer verschiedene Keimarten. Schickt sich die Raupe zur
Puppenbildung an, so entleert sie alle Exkremente und mit ihnen die Hauptmasse
der Darmbakterien. Die zurückbleibenden gehen mit der Dauer des Puppenstadiums
an Zahl und Art ständig zurück, so daß schließlich vielfach ein keimfreier Schmetterling ausschlüpft; nur zuweilen bleiben einige Hefezellen erhalten.

Schottelius findet in den Befunden Couvreurs eine Stütze für die von ihm
vertretene Anschauung von der Nützlichkeit der Darmbakterien: in der Puppe ruht
Nahrungsaufnahme und Verdauung, folglich ist für Darmbakterien kein Bedarf vorhanden, sie verschwinden; die Raupe und der Schmetterling fressen und resorbieren
mit Hilfe ihrer Darmbakterien. Dieser Auslegung darf man dieselbe Berechtigung
zusprechen, wie der von Metschnikoff bez. der Augenfledermaus. Es kann so sein,
ein zwingender Grund dafür ist aber nicht nachgewiesen.

Aus dem Gesagten ergibt sich mit Notwendigkeit, daß die Bedeutung der Darmbakterien nur auf experimentellem Wege gelöst werden kann.

Den ersten Anstoß in dieser Richtung gab bereits Pasteur. Sein Schüler
Duclaux hatte Untersuchungen über die Wirkung der Bodenbakterien auf das
Pflanzenwachstum ausgeführt und folgende Versuchsanordnung getroffen:

Eine Bodenprobe, die frei von salpetersauren und salpetrigsauren Salzen war und auch kein Ammoniak enthielt, wurde durch Erhitzen sterilisiert und durch eine besondere Einrichtung vor jeder Infektion mit Mikroorganismen geschützt; für den Zutritt keimfrei-sterilisierter Luft wurde Sorge getragen und zur Befeuchtung keimfreie Milch, Zucker- und Stärkelösung aufgegossen. In den so bereiteten Boden wurden Bohnen und Erbsen gesät. Sie keimten aus und wuchsen, aber sie vermochten aus den hochkonstituierten organischen Substanzen, die ihnen allein als C- und N-Quelle geboten waren, keine Nahrung zu ziehen. Sie wuchsen ebenso kümmerlich wie in reinem Wasser; das Gewicht der Pflanze blieb in trocknem Zustande stets geringer als das des Samens gewesen war und betrug um so weniger, je länger das Leben der Pflanze dauerte. Nach Duclauxs Erklärung bedürfen die Pflanzen zu ihrer Ernährung einfacherer, organischer Verbindungen und da diese nach seiner Anschauung aus den der Erdkrume zugeführten Dungstoffen durch die Tätigkeit von Mikroorganismen gebildet werden, so gipfeln seine Ausführungen in dem Schlußsatz: „Keine Pflanze lebt in der Natur ohne das Leben von Mikroorganismen".

Die Behauptung Duclauxs mag. in dieser allgemeinen Fassung richtig sein; eine Berechtigung dazu aus dem beschriebenen Versuch herzuleiten, ist nicht angängig. Die gebotenen Lebensbedingungen reichen zwar für das Leben von Bohnen und Erbsen nicht aus, aber es fehlt der Beweis, daß der Aufschluß und Abbau von hochorganisierten Verbindungen nur durch Mikroben erfolgt. Außerdem werden, wie Soyka betont, durch das Sterilisieren des Bodens, einerlei ob es durch trockenes Erhitzen oder durch Kochen erfolgt, und ebenso durch die Abhaltung des unbelebten Luftstaubes so beträchtliche chemisch physikalische Veränderungen gesetzt, daß auch hierdurch das Gedeihen der Pflanzen unmöglich gemacht werden könnte. Es fehlen nicht nur die Spaltpilze und daher ist der Versuch für deren Bedeutung nicht beweisend.

Die landwirtschaftliche Praxis im Plantagenbau dürfte sogar in gewissem Sinne den Gegenbeweis gegen die Duclauxsche Deutung obiger Versuche erbracht haben. Scaver und Clark berichten, daß zur Vernichtung der Pflanzenschädlinge neuerdings der Humusboden durch Erhitzen sterilisiert wird. Dies geschieht entweder in der Weise, daß der Boden auf einen Röstofen aufgeschaufelt und auf 120° gebracht wird oder durch langsames Überführen eines glühenden Rostes über die Erdoberfläche. Die Erfahrung lehrte nun, daß man auf diese Weise nicht nur das Ungeziefer vernichtete, sondern gleichzeitig auch eine höhere Fruchtbarkeit des Bodens erzielte. Dies läßt sich nicht anders erklären, als dadurch, daß auf rein mechanischem Wege ein Aufschluß von Nährstoffen erreicht wurde, der dem Pflanzenwachstum zugute kam. Die umsetzende Tätigkeit der Bakterien konnte durch das Erhitzen nur gehemmt werden!

Die Versuchsergebnisse Duclauxs wurden auch von Pasteur jedenfalls in dem Sinne ausgelegt, daß Spaltpilze für das Leben der Pflanze notwendig seien, denn sie brachten ihn auf den Gedanken, einen ähnlichen Versuch bei Tieren durchzuführen, über welchen er sich folgendermaßen äußert:

„Bei gelegentlichen Unterhaltungen im Laboratorium habe ich schon seit Jahren oft zu meinen Schülern geäußert, daß es von großem Interesse wäre, junge Tiere:

wie Kaninchen, Meerschweinchen, Hunde, Hühner sofort von der Geburt an mit ganz reinen Nahrungsmitteln zu füttern. Hiermit meinte ich Nahrungsmittel, die künstlich vollkommen keimfrei gemacht waren. Ohne eine Behauptung aufstellen zu wollen, verhehle ich mir nicht, daß ich diese Versuche, wenn ich Zeit dazu gehabt hätte, unter der Voraussetzung begonnen hätte, daß das Leben unter diesen Bedingungen unmöglich wäre. Wenn die Technik dieser Versuche genügend ausgebildet wäre, könnte man vielleicht versuchen, die normalen Verdauungsvorgänge zu studieren, dadurch, daß man der keimfreien Nahrung den einen oder andern Mikroben allein oder auch mehrere bekannte Mikroben zusammen zusetzte. Das Hühnerei würde für derartige Experimente keine großen Schwierigkeiten bieten. Wenn man dieses unmittelbar vor dem Ausschlüpfen des Kückens von allen außen anhaftenden lebenden Keimen befreite und alsbald nach dem Ausschlüpfen das Junge in einen absolut keimfreien Raum brächte, dem man ständig keimfreie Luft zuführte, so könnte man leicht von außen für das junge Hühnchen keimfreie Nahrung (Hirse, Wasser, Milch) einbringen. Sollte dies Experiment positiv ausfallen, d. h. meine oben geäußerte Ansicht bestätigen, oder negativ, also im entgegengesetzten Sinne beweisen, daß ein keimfreies Leben leichter und intensiver sich abspiele, wie es auch sei, auf jeden Fall wären die Versuche der Mühe wert."

Die Analogieschlüsse von dem Pflanzenleben auf das Tierleben von so autoritativer Seite wurden zwar meist als richtig hingenommen, es fehlt aber auch nicht an kritischen Beurteilern. Unter diesen ist Nencki besonders zu erwähnen. Er führt etwa folgendes aus: Die organisierten Dungstoffe, welche die keimfreie Pflanze Duclauxs nicht zu spalten und resorbieren vermochte, bieten für die tierischen keimfreien Verdauungssäfte keine Schwierigkeiten. Stärke wird von dem Mundspeichel und dem Pankreassaft gelöst und verzuckert; Eiweißkörper sind im Magen und Pankreassaft löslich und werden soweit verändert, daß sie durch Hitze nicht mehr koagulierbar sind. Natürliche und künstliche Fette, aromatische Äther und Hippursäure werden durch Pankreassaft in ihre Komponenten zerlegt; Kohlehydrat verzuckert. Alle die genannten Stoffe werden damit für das Tier auch ohne Bakterien verdaulich. Die Endprodukte der bakteriellen Nahrungsumsetzung sind dagegen: CO_2, flüchtige Fettsäuren, NH_3, H, Indol, Skatol, Phenol, Milchsäure, aromatische Säuren, basische Ptomaine, H_2S, CH_4; alle diese Verbindungen sind keine Nahrungsstoffe, sondern dem Körper eher schädlich.

Nencki schließt seine Ausführungen mit den Worten: „hoffentlich erreichen wir einmal eine Verdauung ohne lästige Gase und stinkende Produkte".

Trotz alledem konnte nicht ausbleiben, daß einige Untersucher sich daran machten, die Richtigkeit der Pasteurschen Ideen experimentell zu prüfen. Die ersten, welche sich an die technisch außerordentlich schwierig erscheinende Gewinnung und Züchtung keimfreier Tiere heranwagten, waren Nutall und Thierfelder. Sie experimentierten 1895—96 im hygienischen Institut der Universität Berlin.

Pasteur hatte die Gewinnung keimfreier Hühnchen als aussichtsreichstes Versuchsobjekt empfohlen. Da aber erfahrungsgemäß in sehr vielen Fällen Hühnereier schon im Eileiter des Huhnes, vor der Bildung der harten äußeren Schale, mit Bakterien infiziert werden und daraus notwendigerweise auch bei dem sorgfältigsten Arbeiten bakterienhaltige Kücken erbrütet werden müssen, so unternahmen es Nutall und Thierfelder, „junge durch die sectio caesarea geborene Tiere in einem sterilen Raum unter Zuführung steriler Luft mit steriler Nahrung aufzuziehen".

In dem Umstand, daß die Autoren von der praktischen Ausführbarkeit dieses Experimentes überzeugt waren, und es mit bewunderungswürdiger Technik tatsächlich auch zur Durchführung brachten, liegt der bleibende Wert der Nutall-Thierfelderschen Versuche. Wenn auch die Frage des keimfreien Lebens, worauf Schottelius schon wiederholt mit Nachdruck — und leider immer vergeblich — hingewiesen hat, von ihnen keineswegs gelöst wurde, so haben sie sicherlich das Verdienst, bahnbrechend gewirkt zu haben!

Als Versuchstier wählten Nutall und Thierfelder das Meerschweinchen, weil dieses zwar mühevoll, aber sicher künstlich mit der Flasche aufgezogen werden kann, und sie glaubten behaupten zu können, daß diese „unter allen überhaupt in Frage kommenden Säugetieren die allein brauchbaren seien".

Da nach ihrer Ansicht für die aseptische Gewinnung des im Uterus keimfrei vorhandenen Jungen die größte Gefahr bakterieller Verunreinigung während der Zeit von der Öffnung des Uterus bis zum Einbringen des Jungen in den sterilen Aufzuchtsraum bestand, so führten sie in einem besonderen Operationszelt mit komplizierter Technik eine aseptische Operation durch. Das Operationszelt bestand aus einem Lattenkäfig mit Fenster und Türen; die Wände waren mit Leinwand überzogen, welcher man durch Ölfarbenanstrich Bakteriendichtigkeit verliehen hatte.

Der Operationsraum wurde am Abend vor der Operation überall feucht (antiseptisch?) ausgewischt und bis zum Moment der Operation nicht wieder betreten.

Operationsreif erwiesen sich ihnen gravide Meerschweinchen, sobald aus der Zitze Milch ausgedrückt werden konnte[1]). Das Tier wurde auf ein „reines" Brett gespannt, die Bauchgegend rasiert, mit Wasser, Seife, Sublimat, Alkohol und Äther gereinigt, der ganze Rumpf, außer dem Operationsfeld mit in warmes Wasser getauchten, das Operationsfeld mit in Sublimat getauchten Filtrierpapierstreifen und mit steriler Watte bedeckt. Die Operateure, mit sterilen Mänteln und Mützen angetan, begaben sich mit dem vorbereiteten Tier und der frisch dem Dampfsterilisator entnommenen Aufzuchtglocke in das Zelt und führten die Operation mit sterilen Instrumenten durch.

Da alles darauf ankam, durch rasche Entbindung ein keimfreies Junges zu erlangen und deshalb auf die Erhaltung des Muttertieres keinerlei Wert gelegt wurde, so bot die Technik der Operation natürlich keine Schwierigkeiten. Erwähnt sei nur, daß die Abnabelung durch Torquierung des Nabelstranges, nicht durch Unterbindung erfolgte.

---

[1]) Ich konnte feststellen, daß die Milchsekretion gravider Meerschweinchen frühestens am vierten, spätestens am letzten Tage vor der spontanen Geburt einsetzt.

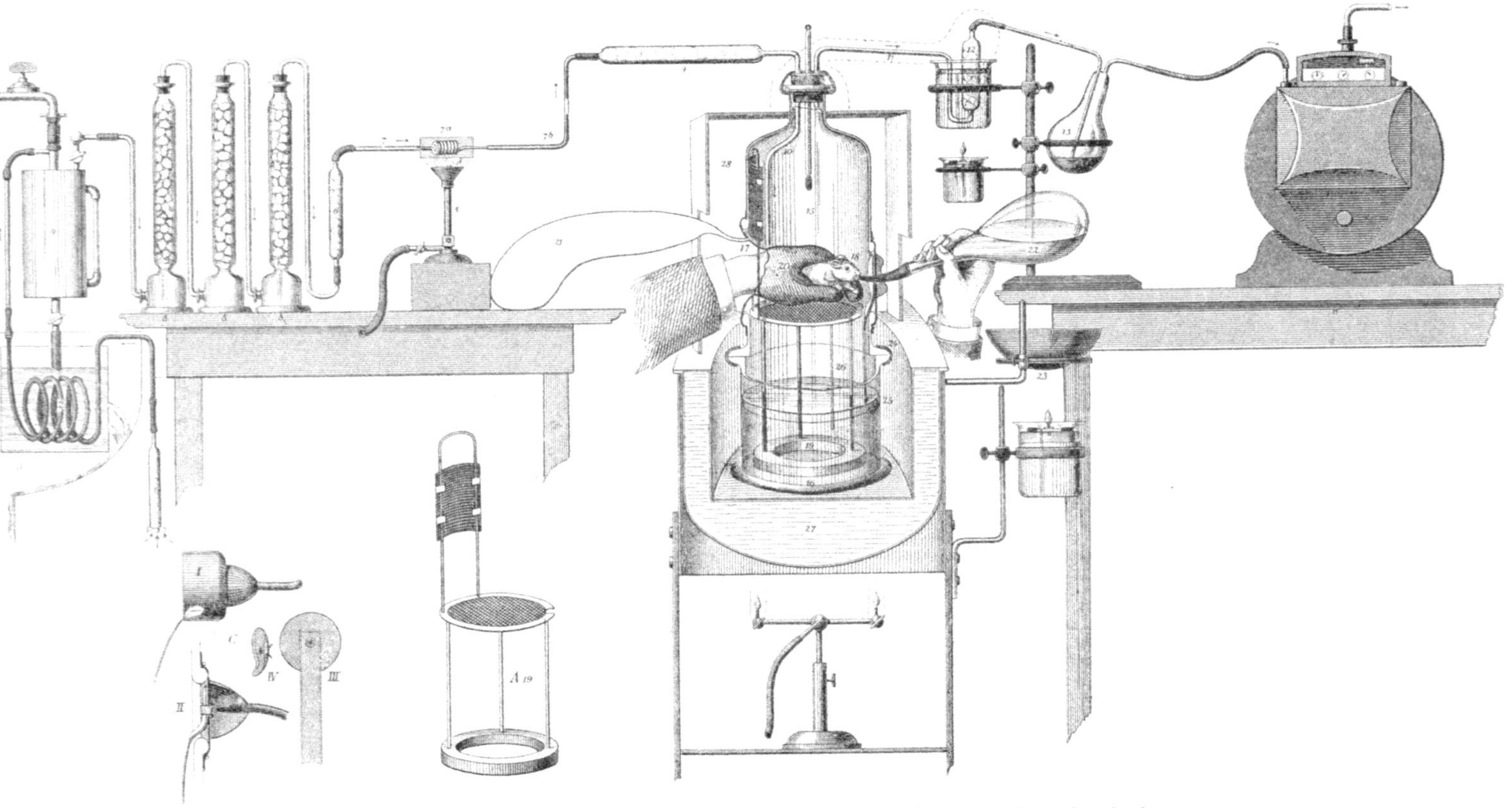

Fig. 1. Der Nutall-Thierfeldersche Apparat zur Aufzucht keimfreier Meerschweinchen.
Wiedergabe der Abbildung aus der Zeitschrift für physiologische Chemie Bd. XXI, S. 116.

Die Einzelheiten der Einrichtung des Aufzuchtraumes und seiner Nebenapparate sind aus beifolgender Figur gut ersichtlich. Nur das praktisch Wichtigste sei hervorgehoben. Den Aufenthaltsraum für das Tier bildet eine Glasglocke, die mit abgeschliffenem Rand (24) auf ein zylindrisches Bodengefäß aufgesetzt werden kann (16). Das Tier sitzt auf einem Drahtgitter (A 19). Eine beschränkte Hantierung im Innern der Glocke ist dadurch ermöglicht, daß in einem kreisförmigen Ausschnitt der Glocke (17) ein Fausthandschuh eingelassen ist, der nach Gebrauch nach außen zurückgezogen und durch ein Gitter vor Verletzung geschützt werden kann. Als Unterlage dienten dem Tier in Seidenpapier eingewickelte komprimierte Wattebäuschchen, die sich in einem Gummisack (21) befanden, dessen Öffnung durch einen Schlitz des Handschuhs in das Glockeninnere mündete, so daß durch Heben des Sackes Bäuschchen in das Innere befördert werden konnten. Der ganze Aufzuchtraum wurde durch Einstellen in ein Wasserbad auf konstanter Temperatur gehalten.

Die Fütterung des Tieres geschah in den ersten Lebenstagen mit steriler Milch, die sich in einer keimdicht verschlossenen Flasche vorfand, deren Lutscher in einer Kautschuk-Wandfläche der Glocke keimdicht und fest eingelassen war und bei Bedarf dem keimfreien Tier zum Saugen zugeschoben werden konnte.

Als Atmungsluft wurde dem Glockeninnern mit einem Wasserstrahlgebläse dauernd Preßluft zugeführt, damit bei allenfalls auftretenden Undichtigkeiten der Gesamteinrichtung infolge des inneren Luftüberdrucks keine keimhaltige natürliche Außenluft eintreten konnte.

Die Sterilisation der Luft geschah durch Wattefilter (1, 6, 9) und außerdem durch eine stets glühend gehaltene Platinspirale (7 a). Sehr wichtig ist, daß die Luft in Chlorcalciumtürmen — später durch Schwefelsäure — getrocknet wurde, um das Tier vor Durchfeuchtung zu schützen.

Die Lufterneuerung fand 3 mal, höchstens 6 mal die Stunde statt.

Alle Teile des Apparates wurden den Anforderungen des Materials entsprechend verschiedenartig, aber gründlich vor dem Gebrauch sterilisiert: die Aufzuchtglocke selbst sowie der Untersatz im Dampftopf.

Die austretende Luft ging durch ein Wattefilter (12) und wurde mit einer Gasuhr gemessen (14).

Als Nahrung verabreichten die Autoren bei ihren ersten Versuchen nur sterilisierte Milch, die unter aseptischen Kautelen in sterile Flaschen gemolken und außerdem an drei aufeinanderfolgenden Tagen je eine halbe Stunde im Dampftopf erhitzt war.

Der erste Versuch von Nutall und Thierfelder dauerte 8 Tage und wurde abgebrochen, weil die Autoren durch die stete Inanspruchnahme bei der Besorgung des Versuches körperlich erschöpft waren.

Das Steriltier bekam nach 12 Stunden die erste Nahrung und mußte dann stündlich Tag und Nacht gefüttert werden.

Die Faeces hatten normale Konsistenz, waren bräunlich oder dunkelgrün; niemals traten Durchfälle auf.

Die Geschwister des Versuchstieres wurden als Kontrollen in derselben Weise, nur in gewöhnlicher Luft und mit nicht sterilisierter Milch aufgezogen. Das Steriltier verbrauchte in 8 Tagen 330 ccm Milch.

Nach der Tötung und aseptischen Sektion erwies sich der Darmkanal mikroskopisch und kulturell vollständig steril, ebenso die Exkremente und Nahrungsreste, die sich am Boden des Behälters angesammelt hatten.

Ein am Leben gebliebenes Kontrolltier nahm von 73 auf 82,5 g zu, während das Versuchstier am Ende des Experimentes 83 g wog. Die Autoren schließen daraus „mit einer an Sicherheit grenzenden Wahrscheinlichkeit eine Gewichtszunahme des Versuchstieres" und behaupten auf Grund von diesem ersten Versuch, „die Anwesenheit von Bakterien im Darmkanal ist für das Leben der Meerschweinchen, also auch der andern Tiere und der Menschen nicht erforderlich; wenigstens nicht solange die Nahrung eine rein animalische ist. Wie es sich bei vegetabilischer oder gemischter Kost verhält, müssen weitere Versuche lehren."

In einem weiteren Versuch bemühten sich die Autoren, neben der Milch auch vegetabilisches Futter zu reichen. Da Mohrrüben, Wurzeln und Grünfutter nach ihrer Ansicht durch die notwendige Sterilisierung zu sehr verändert würden, benutzten sie Albert-Cakes, die in Blechbüchsen bei 150° keimfrei gemacht wurden.

Versuch August 1895: Das wie früher gewonnene Tier war sehr munter, trank gierig Milch und verzehrte die Cakes. Da nach 5 Tagen die Milch eine labartige Gerinnung einging, wurde der Versuch abgebrochen. Die Milch erwies sich mit einem Kartoffelbacillus infiziert, dessen Sporen erst bei $1^{1}/_{4}$ stündigem Kochen im Dampftopf vernichtet wurden. Da diese Bazillen sterile Milch sehr rasch zum Gerinnen brachten, die Versuchsmilch aber erst nach 5 Tagen sich veränderte, so nehmen die Autoren an, daß die Versuchsmilch erst im Laufe des Versuches infiziert wurde. Bei der Sektion erwies sich der Darminhalt steril, obwohl 24 Stunden bakterienreiche Milch gefüttert war; die Autoren sehen hierin einen Beweis für die keimtötende Kraft des Magensaftes.

Doppelversuch Oktober 1895: Die sterilen Tiere fraßen $1^{1}/_{2}$ Tage nach der Geburt Cakes, tranken gern und reichlich, ohne jedoch Heißhunger zu zeigen, wie das erste Versuchstier. Dieser Heißhunger wurde daher als Äußerung des Bedürfnisses nach fester Nahrung aufgefaßt.

Der Versuch dauerte 13 volle Tage. Tier A hatte 710 g Milch verbraucht und wog 97,5 g; Tier B trank 805 g und wog 88,5 g. Das Geschwisterkontrolltier ergab gleich nach der Geburt (mit trocknem Haarkleid gewogen) ein Gewicht von 83 g. Unter Voraussetzung des gleichen Anfangsgewichtes hätte also A 14,5 g, B 5,5 g zugenommen. Die geringere Gewichtszunahme von B wurde auf Wärmeverlust durch Feuchtwerden zurückgeführt.

Bei der Sektion waren Darminhalt und Milchreste keimfrei, doch waren im Bodengefäß der Zuchtglocke Wurzelbacillen mit Sporen vorhanden, die $1^{1}/_{4}$ stündige Erhitzung auf 100° aushielten.

Doppelversuch Dezember 1895: Die wie bisher gewonnenen keimfreien Jungen beginnen nach 26 Stunden Cakes zu fressen. Der Versuch wurde am 10. Tage abgebrochen. Tier A hatte 710 g Milch verbraucht und wog am Schluß 95,5 g. Das Tier B trank 422 g Milch und erreichte ein Gewicht von 83,5 g. Das Geschwisterkontrolltier wog gleich nach der Geburt trocken 72,5 g und 10 Stunden nach der Geburt, nachdem es während dieser Zeit nicht gefüttert war, 67,5 g. Die Autoren berechnen daraus für das Tier A eine Gewichtszunahme von 23, bezw. 28 g, für Tier B 11 bzw. 16 g.

Die Sektion der mikroskopisch und kulturell keimfrei gefundenen Tiere ergab in beiden Fällen: der Dünndarm war leer — letzte Fütterung 2 Stunden vor der Tötung —, enthielt nur etwas Schleim; im Dickdarm gelbe breiige Massen. Der Blinddarm war stark aufgetrieben und mit brauner käsig geronnener Flüssigkeit schwappend gefüllt. Der Dünndarm zeigte stark saure, der Dickdarm schwach saure, der Blinddarm stark alkalische Reaktion.

Die Autoren schließen aus beiden Doppelversuchen, „daß die ausreichende Verdauung derjenigen Nährstoffe, welche auch außerhalb des Körpers durch die Fermente der Verdauungssäfte in lösliche Produkte umgewandelt werden können, auch ohne Mitwirkung von seiten der Bakterien stattfindet".

Am Schluß ihrer Versuche führten Nutall und Thierfelder an dem Harn der Steriltiere von dem einwandfreien letzten Doppelversuch chemische Untersuchungen durch und fanden, daß die Angabe von E. Baumann, nach der die aromatischen Oxysäuren auch noch unabhängig von der Darmfäulnis entstehen, zu Recht besteht.

Trotz ihrer in der Einleitung zu den Meerschweinchen-Versuchen geäußerten Bedenken gegen die Möglichkeit, Hühnereier so zu desinfizieren, daß daraus keimfreie Hühnchen erbrütet werden könnten, wagten Nutall und Thierfelder sich 1897 dennoch an diese Aufgabe heran. Der Grund dafür lag in der Absicht, die Wirkung verschiedener Reinkulturen von Bakterien auf sterile Tiere zu prüfen; für derartige Experimente erschien die Benützung steriler Meerschweinchen in Gewinnung und Wartung zu umständlich, während keimfreie Hühnchen viel handlichere Versuchstiere abgeben konnten. Trotz aller Mühe gelang es den Autoren aber in keinem Falle, lebende sterile Hühnchen zu erhalten und die Versuche wurden daher als aussichtslos aufgegeben. Sie schreiben:

„Unsere Erfahrungen zwingen zu der Annahme, daß die Bakterien sich schon innerhalb des Oviducts, bevor und während die Bildung der Kalkschale erfolgt, auf der Schalenhaut festsetzen."

„Von einer Verwendung der Hühner zum Studium der eingangs erwähnten Frage mußte also Abstand genommen werden. Leider erscheint uns dieses Resultat zugleich ein Verzicht auf die experimentelle Inangriffnahme dieser Fragen überhaupt zu bedeuten."

Die in ihren wichtigsten Grundzügen und Resultaten hier geschilderten Nutall-Thierfelderschen Experimente erregten mit Recht das Interesse der wissenschaftlichen Welt und werden merkwürdigerweise auch heute noch fast allgemein als ein Beweis für die Möglichkeit der keimfreien Existenz aufgefaßt. Da die wenigsten Autoren, auch wenn sie viel mit Meerschweinchen experimentierten, sich gleichzeitig auch mit der Aufzucht von Meerschweinchen in ihren Einzelheiten beschäftigten, so können sich entsprechend nur wenige ein eigenes Urteil darüber bilden, ob die von Nutall und Thierfelder erzielten Resultate als eine vollwertige Aufzucht angesehen werden können. Es ist deshalb die enthusiastische Auffassung zu Anfang leicht verständlich. Nachdem aber von autoritativer Seite, von Schottelius, der sich nächst Nutall und Thierfelder wohl am eingehendsten mit der Frage der Züchtung keimfreier Tiere beschäftigt hat, eine sachgemäße Kritik vorgenommen und die Bedeutung der erwähnten Experimente auf ihren wahren Wert gewürdigt wurde, kann ein weiteres Festhalten an der ursprünglich als berechtigt erscheinenden Bewertung nur als Kritiklosigkeit aufgefaßt werden.

In dem gleichen Maße, wie ich rückhaltlos den hohen Gesamtwert der Nutall-Thierfelderschen Versuche anerkenne, muß ich mich auch den berechtigten Einwendungen meines Lehrers Schottelius gegen die Schlußfolgerungen von Nutall und Thierfelder anschließen.

Schottelius hebt hervor, daß die Fütterung mit Muttermilch (animalischer Nahrung) für den Säugling den Übergang von der individuellen Unselbständigkeit in der Ernährung zur Unabhängigkeit bilde; die Milch entspräche etwa dem Eiweiß beim Vogelei, dem Dottersack der Fische und stamme als Nahrungsmittel von einem Individuum, das seinerseits auf die Tätigkeit von Darmbakterien angewiesen ist: Ernährung mit Muttermilch könne daher keine „selbständige" genannt werden. Sodann weist er mit Recht auf die geringe Gewichtszunahme bei allen Nutall-Thierfelderschen Versuchstieren hin. Nach Nutall und Thierfelder erreichten Normaltiere bei natürlicher Aufzucht ihr Anfangsgewicht am 3. Tag und in 6 Tagen eine Zunahme um 16—24%. Normaltiere, die abwechselnd je eine Stunde bei der Mutter blieben und zwischendurch Cakes erhielten, erreichten ihr Anfangsgewicht am 4. Tag und in 6 Tagen eine Gewichtszunahme von 11%. Kaiserschnittiere unter gleichen Bedingungen gehalten, hatten ihr Erstgewicht am 5. Tage wieder gewonnen und am 6. Tage ein Mehrgewicht von 5% erzielt; wurden sie nur mit Kuhmilch ernährt, so gelangten sie in 6 Tagen nur auf ihr Anfangsgewicht; hieraus ergibt sich, daß die Aussichten auf Gewichtszunahme bei den bakterienfreien Versuchstieren höchst ungünstige waren.

Auf 100,0 g Anfangsgewicht umgerechnet, wurden ferner drei Normaltiere mit 80 g Geburtsgewicht in 10 Tagen 135,0 g schwer (+ 35%), zwei weitere mit 59 g Geburtsgewicht in 13 Tagen 170,0 g (+ 70%) und vier von 66 g schon in 14 Tagen 180,0 g (+ 80%). Ein Versuchstier A erreichte (ebenso auf 100 g umgerechnet) in 8 Tagen 114 g (+ 14%). Im ersten Doppelversuch wurden die Tiere von 83 g in 13 Tagen 108 resp. 118 g schwer und im zweiten Doppelversuch von 70 g in 10 Tagen 118 resp. 132 g schwer. Die im Gewicht etwa entsprechenden Normaltiere erreichten in 8 Tagen 125, in 13 Tagen 178 und in 10 Tagen 144,0 g.

Mit Rücksicht darauf, daß geringe Unterschiede im Anfangsgewicht für die Gewichtszunahme bei gleicher Ernährung von großem Einfluß sein können, indem leichtere Tiere im allgemeinen viel rascher zunehmen, dürfen obige Zahlen nur ungefähre Anhaltspunkte abgeben, denn Nutall und Thierfelder haben das Gewicht ihrer sterilen Versuchstiere nicht durch Wägung bestimmt — dafür war ihr Apparat nicht eingerichtet — sondern schätzungsweise aus dem Gewicht gleich groß erscheinender Kontrolltiere.

Für eine einwandfreie Bewertung wäre auch unbedingt erforderlich gewesen, daß am Ende des Versuches die Tiere ohne Darmkanal gewogen — vielleicht dieser noch nach der Entleerung seines Inhaltes, — und außerdem der Wassergehalt der Organe bestimmt worden wäre.

Neugeborene Meerschweinchen leben (vergl. Schottelius, Arch. f. Hyg. Bd. 67, S. 184, 1908) nur mit Wasser getränkt 8—10 Tage, und es erscheint natürlich nicht ausgeschlossen, daß Tiere mit kräftiger Konstitution es ohne Nahrungsaufnahme auch auf 13 Lebenstage bringen. Die von Nutall und Thierfelder erzielte Versuchszeit ist also absolut genommen zu kurz, um allein durch die Erhaltung des Lebens die stattgefundene Ernährung zu beweisen.

Ferner konnte Schottelius feststellen, daß der Inhalt des Blind- und Dickdarmes neugeborener Meerschweinchen 0,5—1,0 g und bei 10 Tage alten 12—15 g bei natürlicher Füllung wiegt.

Da nun Nutall und Thierfelder im Obduktionsprotokoll berichten: „der Dickdarm enthielt gelbe breiige Massen; der Blinddarm war stark aufgetrieben und mit brauner käsig geronnener Flüssigkeit schwappend gefüllt", so erscheint nicht ausgeschlossen, daß die gesamte Gewichtszunahme hierauf und nicht auf Zunahme der Körpersubstanz zurückzuführen ist.

Wenn Nutall und Thierfelder die Gewichtszunahme ihrer Versuchstiere gegenüber den Kaiserschnittieren, die nur mit Kuhmilch oder mit Muttermilch und Cakes gefüttert waren (Gruppe 3 und 4 in Tabelle II, Seite 70, ihrer zweiten Mitteilung), als „durchaus zufriedenstellend" bezeichnen, so ist dagegen einzuwenden, daß ohne gleiches Anfangsgewicht der Versuchs- und Kontrolltiere aus der Gewichtszunahme allein keine Schlüsse gezogen werden können, aber selbst gleiches Anfangsgewicht vorausgesetzt, ist aus der anscheinend besseren Zunahme der Versuchstiere wegen der von Schottelius als möglich erwiesenen Fehlerquellen für eine positive Gewichtszunahme der Versuchstiere damit nichts bewiesen. Nach meinem Dafürhalten ist es durchaus nicht ausgeschlossen, daß man bei sterilen Kaiserschnittmeerschweinchen tatsächlich bei längerer Versuchsdauer eine einwandfreie Gewichtszunahme erzielt, nur dürfte der Apparat von Nutall und Thierfelder dafür zu kompliziert sein.

Nutall und Thierfelder hatten mit vieler Mühe und großer Umsicht bei der Züchtung von keimfreien Meerschweinchen nur geringe und bei der Züchtung keimfreier Hühnchen keinerlei Erfolge zu verzeichnen. Trotzdem unternahm im Vertrauen auf die Richtigkeit des Pasteurschen Ideengangs es Schottelius 1898 wiederum, keimfreie Hühnchen zu erbrüten und damit das fehlende Versuchsobjekt für das exakte Studium der bakteriellen Verdauung zu schaffen.

Er ging in folgender Weise vor: Hühnereier, die von besonders reinlich und trocken gehaltenen Hühnern stammten oder wenigstens mit einer weißen unbeschmutzten Schale abgelegt waren, wurden in einem künstlichen Brutapparat bis zum 18. Tage bebrütet; darauf wurden sie in einer 40° warmen 0,5 %igen Sublimatlösung und dann mit ebenfalls brutwarmer physiologischer Kochsalzlösung unter Vermeidung von Erschütterung scharf abgebürstet, zwei Stunden in einem sterilen Thermostaten sich selbst überlassen und dann nochmals ebenso behandelt; sodann wurden sie in steriler Watte in dem Aufzuchtsapparat aufbewahrt. Kontrollen ergaben, daß die Eier bei diesem Vorgehen praktisch keimfrei gemacht wurden.

Der Aufzuchtapparat war in einem besonderen, gegen die Außenwelt möglichst bakteriendicht abgeschlossenen Zimmer, das wiederholt desinfiziert war, aufgestellt und bestand aus einem etwa 8 cbm fassenden, aus Glas und Eisen keimdicht konstruierten Kasten, der einen ebenso abgeschlossenen Vorraum besaß und der einmal einen aseptischen geeigneten Thermostaten und außerdem einen Arbeitstisch mit den nötigen Utensilien enthielt. Der Raum wurde mit Schwefeln und Formalinisieren wiederholt intensiv desinfiziert. Die Luftzufuhr fand durch bakteriendicht eingelassene 25 cm² große, dicke Wattepolster statt, von denen eines rechts unten, das andere diagonal gegenüber, oben links, eingelassen war. Zur Arbeitsleistung im Innern mußte eine Person in den sterilen Innenraum eintreten. Damit diese nun keine Keime ins Innere brachte, zog sie einen frisch sterilisierten Leinwandanzug, der nur Augen, Mund und Hände freiließ, (noch heiß aus dem Dampfsterilisator), über und bedeckte die Hände mit hoch über die Ärmel reichenden sterilen Gummihandschuhen; die Füße deckten Gummischuhe, die durch Eintreten in eine Schale mit Sublimatlösung (welche im Vorraum aufgestellt war) nochmals äußerlich sterilisiert wurden.

Die Heizung des aseptischen Brutapparates im Innern erfolgte durch zirkulierende warme Lysollösung von außen und konnte auf die jeweils für die Tieraufzucht nötige Temperatur reguliert werden. An verschiedenen Stellen im Innern waren mit rotem Alkohol gefüllte Thermometer aufgehängt, die von außen gut abgelesen werden konnten. Der Boden des Brutraumes enthielt als Belag ausgeglühten Rheinkies, vermengt mit ausgeglühten zerstoßenen Eischalen. Außerdem war auf ihm, für die gesamte Versuchsdauer ausreichend, in geeigneter durch die Erfahrung festgestellter Anordnung, das keimfreie Futter und Wasser untergebracht. Das Futter bestand aus Hirse und gehacktem Eiweiß. Sobald die bebrüteten und wie oben beschrieben desinfizierten Eier in den aseptischen Brutapparat eingebracht waren, überließ man die ausschlüpfenden Hühnchen ihrem Schicksal. Der gesamte sterile Raum wurde nur, wenn es unbedingt notwendig war, betreten, da jedes Eingehen des Experimentators natürlich eine große Gefahr der bakteriellen Verunreinigung mit sich brachte; wenn auch der Körper des Experimentators ringsum mit keimfreier Kleidung, keimfreien Handschuhen und Gummischuhen allerorts dicht bedeckt war, so waren doch in der Gesichtsmaske Öffnungen für Nase und Augen ausgespart, durch die Hautkeime hervordringen konnten. Außerdem entsteht selbst bei der größten Vorsicht, auch bei längerem Verweilen in dem Vorraum, immer durch die Bewegung der eintretenden Person ein Luftstrom, der Luftkeime in das Innere befördern kann. Zimmer und Versuchsraum wurden, abgesehen von dem zur Tränke der zu erwartenden Kücken notwendigen Wasser, vollständig trocken gehalten, da Schottelius mit Recht in der Trockenheit des Raumes einen wichtigen Schutz gegen die Vermehrung durch Zufall ins Innere gelangter Keime erblickte. Er folgt in dieser Beziehung einer Erfahrung, die schon Nutall und Thierfelder gemacht haben. Wie ich später noch zeigen werde, ist

die Trockenheit des Versuchsraumes, wenigstens bei größeren Tieren, für das Wohlbefinden der Tiere auch deswegen unbedingt erforderlich, weil bei feuchter Decke
durch die ständig bewegte Atmungsluft eine bedenkliche Abkühlung der Tiere
eintreten würde.

Der Innenraum wurde betreten, wenn Eierschalen von ausgeschlüpften Hühnchen
entfernt werden mußten. Hierbei konnte man auch gelegentlich das Ausschlüpfen,
welches wegen der Trockenheit im Innern des Apparates und dem daraus sich ergebenden Antrocknen der Eierschalen häufig erschwert ist, unterstützen. Die Entnahme
der Schale jedes ausschlüpfenden Hühnchens war notwendig, um das jeweilige Anfangsgewicht des Hühnchens festzustellen, denn da man das Gewicht des bebrüteten Eies
vor dem Einlegen bestimmte, so konnte durch Abzug des Gewichtes der Eischale das
des ausgeschlüpften Hühnchens bis auf verschwindend kleine Feuchtigkeitsdifferenzen
genau bestimmt werden. Natürlich wurden auch bei jedem notwendig gewordenen
Betreten des Apparates Proben von Kies, Eischalen, Sand, Hirse, Wasser, Faeces,
Federchen entnommen und auf ihre Sterilität geprüft. Jeder Versuch wurde mit
eingehenden Kontrollen durchgeführt. Von den 18 Tage bebrüteten und in Entwicklung begriffenen Eiern wurde jedesmal ein Drittel in einem nicht aseptischen
Brutapparat zum Ausschlüpfen gebracht; die daraus ausgeschlüpften Hühnchen dienten,
in gewöhnlicher Weise ernährt, als Kontrollen. Die zwei übrigen Drittel wurden in
der beschriebenen Weise desinfiziert und die Hälfte zur Kontrolle der tatsächlich ge-
lungenen Desinfektion auf sterile Nährgelatine gebracht und bis zur Hälfte mit warmer
Gelatine umgossen. War in diesem Nährmedium nach 8—14 Tagen kein Bakterien-
wachstum aufgetreten, so wurde mit flüssiger Nährgelatine das Ei hoch überschichtet,
um allenfalls anaerobe Keime zum Nachweis zu bringen. Wiederum nach einigen
Wochen wurde mit sterilem Messer das Ei im Innern der Gelatine zerkleinert und
wenn auch jetzt kein Wachstum auftrat, so konnte die Keimfreiheit als sichergestellt
erachtet werden. Nur ein Dritteil der brauchbaren Eier gelangte also in den Versuchsraum. Zur Beurteilung der Entwicklung der Hühnchen stellte Schottelius durch
Wägung eine sogenannte „Ernährungskurve" auf, indem die Kontrollhühnchen alle
drei Tage gewogen und ihre durchschnittliche Gewichtszunahme in einer Kurve ein-
getragen wurde; wegen der Gefahr der Verunreinigung nahm der Autor von dem
gleichen Vorgehen bei den sterilen Hühnchen im Innern des Kastens Abstand und
konstruierte eine „sterile Ernährungskurve" in der Weise, daß er in Intervallen von
einzelnen Tagen je ein steriles Hühnchen tötete, in ein Gelatine haltendes Kultur-
gefäß, dessen Gewicht vorher bestimmt war, einschmolz und dann an der Gewichtszunahme des Ganzen das Gewicht des sterilen Hühnchens feststellte. „Die Kurve der
Versuchstiere besteht also aus Einzelwägungen verschiedener Tiere und kann daher
nur einen bedingten Anspruch auf Richtigkeit machen".

Der erste gelungene Hauptversuch enthielt 10 Steriltiere und erstreckte sich über
17 Tage, d. h. am 17. Tage wurde das letzte lebensschwache sterile Hühnchen,
moribund, getötet. Nach der Ernährungskurve nahmen die unter ganz gleichen
Lebensbedingungen gehaltenen und genau wie die Versuchstiere ernährten Kontrollhühnchen durchschnittlich um 250 % ihres Gewichtes zu. Bei den Sterilhühnchen ist

am 12. Tage eine Maximalzunahme von 24% erreicht und am 17. Tage das Gewicht wieder auf 20% unter das Anfangsgewicht gesunken. Von einer tatsächlichen Gewichtszunahme kann also nach dieser Kurve bei Sterilhühnchen keine Rede sein. Jedenfalls können die 24% Zunahme am 12. Tage niemals als beweisend angesehen werden und fallen durchaus in die Fehlergrenze (Darmanfüllung).

Im zweiten Versuchsjahr 1899 gelang es, in drei Versuchen 5 sterile Hühnchen zu erzielen. Die Tiere wurden bis zu dem spontan eintretenden Tode beobachtet; die Lebensdauer schwankte von 11—29 Tagen. Die Hühnchen zeigten frühzeitig große Selbständigkeit bezügl. Auswahl des Futters, Aufsuchen und Vermeiden des Wassergefäßes usw. Die Freßlust und ebenso die Abscheidung von Dejektionen, sowie die Beweglichkeit war größer als bei den Kontrolltieren. Das Steriltier mit der längsten Lebensdauer verlor in 29 Tagen 29% seines Körpergewichtes. Das entsprechende Kontrolltier nahm in der gleichen Zeit 154% zu. Im allgemeinen war Gewichts-zunahme des Kontrolltieres und Gewichtsabnahme der Steriltiere proportional der Lebensdauer und dem Anfangsgewicht.

Im Jahre 1900 wurden 3 sterile Hühnchen erzielt, von denen das älteste in 30 Tagen 32% an Gewicht einbüßte, während das Kontrolltier 117% zunahm.

Im Jahre 1901 begann der Autor die Entscheidung der Frage, ob „die Ver-fütterung von Darmbakterien an steril gezüchtete Hühnchen einen Einfluß auf die Ernährung ausübe, bezw. die Lebensdauer verlängere."

Zu diesem Zwecke wurde der aseptische Brutraum im Innern des Apparates so eingerichtet, daß er durch Einschieben einer Wand leicht in zwei bakteriendicht getrennte Hälften geteilt werden konnte. Als dann im Mai 4 sterile Hühnchen, 2 lebensstarke und 2 lebensschwache erbrütet waren, wurden sie am 8. Lebenstag in zwei gleichwertige Gruppen geteilt und das Futter der einen Gruppe durch aufge-schwemmte frische Hühnerdejektionen infiziert. Am 10. Tage starb das schwache Steriltier und war bei der bakteriellen Kontrolle ebenso wie der Inhalt der ganzen Abteilung keimfrei. 5 Tage später starb auch das lebensschwache Tier der infizierten Abteilung „ohne bemerkenswerten Befund bezüglich Gewicht und sonstigen Verhaltens". Von den beiden übrig bleibenden Tieren gedieh das infizierte zusehends, während das Steriltier am 18. Tage mit 23% Körpergewichtsverlust einging. Das am Leben ge-bliebene infizierte Hühnchen hatte ein Anfangsgewicht von 46 g und wog am Schlusse des Versuches, nach 22 Tagen, 52 g. Es hat demnach im ganzen etwa 15% zuge-nommen, eine Zunahme, die bei Normaltieren etwa in den 2 ersten Lebenstagen erfolgt. Da Schottelius annehmen muß, daß es in den ersten 8 sterilen Tagen seines Daseins einen Gewichtsverlust erlitten hat, so würde also das Hühnchen in den 14 Tagen Bakterienernährung diesen Verlust gedeckt und noch die 15% Zunahme erzielt haben. Jedenfalls kann man die Zunahme nur als eine sehr geringgradige bezeichnen, denn Normaltiere nehmen in den ersten 14 Tagen ihres Lebens 190% zu, und wahrscheinlich ist die Gewichtszunahme vom 8. bis 21. Tage noch wesentlich höher zu bewerten (vergl. Arch. f. Hyg. 34, S. 240).

In demselben Jahre wurden am 31. Mai nochmals 4 sterile Hühnchen erzielt und nach 5 Tagen, wie oben beschrieben, 2 mit Reinkultur vom Bacterium coli gallinarum infiziert. Das eine der sterilen Hühnchen starb am 11., das zweite am 12. Tage, während die Tiere der infizierten Gruppe sich weitere 8 Tage gut entwickelten und dann ins Freie gesetzt wurden.

Aus den bisherigen Versuchen konnte Schottelius nur allgemein feststellen, daß Sterilhühner im Gewicht abnehmen; die infizierten Kontrollhühnchen dagegen zunehmen. „Die Schwankungen im Gewichtsverlust der Sterilhühnchen standen weder zu dem Anfangsgewicht noch zu der Lebensdauer in einer einigermaßen gesetzmäßigen Proportion." Worauf diese Unregelmäßigkeiten zurückzuführen sind, konnte von dem Autor bisher mit Sicherheit nicht aufgeklärt werden.

Die letzten veröffentlichten Versuche von Schottelius stammen aus dem Jahre 1908 und wurden wiederum in der Absicht unternommen, die Bedeutung der Infektion mit Kolibacillen für sterile Hühnchen zahlenmäßig nachzuweisen. Der Versuch war insofern modifiziert, als zwei voneinander unabhängige Thermostaten, gleich ausgestattet, in dem sterilen Versuchsraum aufgestellt waren, um eine ungewollte Übertragung der Koliinfektion von einer Gruppe auf die andere mit Sicherheit auszuschließen. Am 15. April wurden in dem ersten Thermostaten 3, im andern 4 sterile Hühnchen erbrütet. Der Nachweis der vollkommenen Sterilität wurde durch Entnahme je eines Tieres aus beiden Gruppen und bakterielle Prüfung desselben erbracht. Nach 16 Tagen wurde der jetzt nur noch 3 Tiere enthaltende Käfig mit Milchsäurebacillen infiziert. Die beiden keimfreien Tiere machten trotz guten Fressens einen elenden Eindruck und waren viel weniger lebhaft beweglich als die infizierten. Die koliinfizierten Hühnchen hatten an Größe sichtlich zugenommen, zeigten beginnendes Federwachstum und standen kräftig auf den Beinen. Am 23. Versuchstage starb das eine der Sterilhühnchen. Um es herauszubefördern, mußte der Innenraum betreten werden und die hierbei durchgeführte bakterielle Kontrolle ergab, daß beide Käfige unerwarteterweise mit einem Luftkokkus verunreinigt waren. „Trotzdem hatten die sterilen Hühner nicht zugenommen, während die koliinfizierten gut zugenommen hatten."

Hieraus schließt Schottelius, daß nicht jeder Spaltpilz die Ernährung günstig zu beeinflussen vermag, während er offen läßt, ob Koli und Kokkus gemeinschaftlich den günstigen Einfluß bei der infizierten Gruppe ausgeübt haben.

Am 15. Mai 1908 waren wiederum in einem Käfig 5, im andern 6 sterile Hühnchen ausgeschlüpft. Nach 11 Tagen wurde die Entnahme je eines Tieres wie oben bewerkstelligt und ebenso durch bakterielle Prüfung von Dejektionen, Futter und dergl. die Keimfreiheit sichergestellt. Der Käfig mit den 4 Hühnchen wurde, wie im vorhergehenden Versuche, mit Kolibacillen aus Kuhmilch infiziert. Nach 14 Tagen, also am 25. Versuchstag, waren die 5 sterilen Hühnchen gegen früher nicht gewachsen und konnten, trotz reichlicher Futteraufnahme, kaum noch stehen. Die koliinfizierten waren größer geworden, bewegten sich lebhaft und hatten beginnende Federentwicklung. Der Versuch wurde jetzt für die infizierten Hühnchen abgebrochen und dabei festgestellt, daß diese durchschnittlich in 23 Lebenstagen, davon 14 bei mit Kolibazillen infiziertem Darm, ein Gewicht von 50 g erreicht hatten. Dies Gewicht ist im Verhältnis zu dem von 14 tägigen Normalhühnern wiederum als sehr mäßig zu bezeichnen. Die 5 noch sterilen Hühner des Versuches wurden am 25. Versuchstage mit Coli gallinarum infiziert und unter sonst gleichen Umständen weitere 20 Tage gehalten. Die Hühnchen erholten sich in dieser Zeit zusehends und erreichten ein Durchschnittsgewicht von 72 g. Da Schottelius das Gewicht von etwa 4 Wochen alten Sterilhühnchen mit 35 g annimmt, so hatten diese Tiere innerhalb der 20 Tage ihr Eigengewicht verdoppelt.

Aus sämtlichen bisher veröffentlichten Versuchen kommt Schottelius zu dem Schluß:

1. Die Darmbakterien sind notwendig für die Ernährung der Wirbeltiere und für den Menschen.

2. Der Nutzen der normalen Darmbakterien besteht:

a) in der Vorbereitung der Ingesta für die Resorption der Nahrungsstoffe,

b) in der Reizung der Darmwand zur Auslösung der Peristaltik,

c) in der Überwucherung und Vernichtung pathogener, in den Darm hineingelangter Bakterien,

d) in der Festigung des Körpers gegen pathogene Bakterien und gegen Bakteriengifte.

Die Schotteliusschen Versuche beweisen, daß unter den genau von ihm angegebenen Versuchsbedingungen ein Leben steriler Hühnchen nicht möglich ist. Sie beweisen ferner, daß unter den gleichen Bedingungen die Infektion des Steriltieres mit Hühnerkoli- resp. Milchsäurebacillen lebenverlängernd, bezw. lebenserhaltend wirkt.

Ein der Entwicklung von Normaltieren gleichwertiges Gedeihen konnte Schottelius auch bei koliinfizierten Hühnchen nicht erzielen. Ob dafür die Gesamtlebensbedingungen im Aufzuchtapparat oder das Fehlen der übrigen Darmflora verantwortlich zu machen sind, bleibt unentschieden. Den Schlußfolgerungen von Schottelius kann ich mich mit Rücksicht auf meine eigenen Untersuchungen am keimfreien Ziegenlamm nicht im vollen Umfang anschließen. Stoffwechselversuche an keimfreien Tieren zeigten mir, daß z. B. Eiweiß, Fett und Kohlehydrate auch ohne Bakterien gut ausgenützt werden. Auch die keimfreie Gewichtszunahme war zufriedenstellend. Es erscheint mir daher nicht mehr zulässig, aus den Schotteliusschen Versuchen an Hühnchen allgemein die Notwendigkeit der Darmbakterien für die Ernährung aller Wirbeltiere und des Menschen zu folgern. Ein Nutzen der Darmbakterien kann deswegen doch vorhanden sein, aber worin er besteht, muß noch durch weitere Spezialuntersuchungen festgestellt werden.

An die hochbedeutsamen Versuche von Schottelius reihen sich Experimente, welche Mme. O. Metschnikoff auf E. Metschnikoffs Anregung im Institut Pasteur ausführte und im Jahre 1901 veröffentlichte. Sie versuchte die keimfreie Züchtung von Grasfröschen. Die Eier des Grasfrosches besitzen zwei Gallerthüllen, von denen die äußere schleimige weicher und fast immer mit zahlreichen Bakterien und Algen durchwachsen ist. Besonders die Algen dringen auch gern in die Tiefe ein und bilden häufig auf der äußeren Wand der zweiten inneren, dichteren Gallertschicht eine grüne Auflagerung. Die innere Eihülle ist für Mikroorganismen offenbar sehr schwer zu durchdringen; vielleicht infolge einer mechanischen Undurchlässigkeit, vielleicht wegen etwaiger baktericider Eigenschaften. Jedenfalls ist sie für gewöhnlich keim- und infusorienfrei.

Das Experiment wurde folgendermaßen durchgeführt: die frisch gesammelten Eier (der Froschlaich) wurden in sterilem Wasser gründlich gereinigt und darauf in fließendem sterilem Wasser, welches durch Chamberlandkerzen-Passage keimfrei gemacht war, solange aufbewahrt, bis an den spontanen Bewegungen des Embryos im Innern zu erkennen war, daß das Ausschlüpfen unmittelbar bevorstand. Derartig reife Eier wurden einzeln in Gläser mit sterilem Wasser nochmals gründlich gereinigt, die Gallerthüllen mit sterilen Nadeln auseinandergezerrt und die Embryonen mit keimfreier Pinzette in frisches steriles Waschwasser und dann in einzelne Glasgefäße mit sterilem Wasser gebracht, in denen (bei 120°) sterilisiertes Brot zur Ernährung der Embryonen enthalten war. Alle derartig gewonnenen Jugendstadien des Grasfrosches blieben in ihrer Entwicklung gegen Normaltiere ganz wesentlich zurück und zwar sowohl diejenigen, die vollständig keimfrei waren, als auch die, welche ungewollterweise bakteriell infiziert waren. Die Jungen entwickelten in den 80 Tagen, die der Versuch dauerte, nur Rudimente der Hintergliedmaßen, während diese bei Normaltieren unter natürlichen Lebensbedingungen in dieser Zeit fast vollständig ausgebildet waren. Die Autorin führt das Zurückbleiben der Versuchstiere auf ungenügende Bewegungsfreiheit, einseitige nicht ausreichende Ernährung und beschränkte Luftversorgung zurück. Der Versuch erstreckte sich auf 81 Froschembryonen. Von diesen starben 31 in den ersten Stunden oder Tagen, weil sie entweder zu früh aus den Eihüllen entfernt waren oder durch hineingelangte Bakterien vernichtet wurden. 49 blieben längere Zeit am Leben, von diesen waren 42 wiederum während der Versuchsdauer durch Zufall bakteriell verunreinigt worden. Nur 7 blieben, z. T. bis zum Schluß des Experimentes, vollkommen keimfrei; das Wasser ihrer Behälter blieb klar mit einem trüben Bodensatz, der aus Nahrungsresten und Exkrementen bestand. Nach 79 Tagen waren alle Versuchstiere abgestorben. Die vollkommen keimfreien Tiere zeigten im allgemeinen eine geringere Mortalität als die im Verlauf des Versuches infizierten, denn 5 von den 7 erreichten ein Alter von über 63 Tagen, während von den 42 nachträglich infizierten nur 7 so alt wurden.

Hieraus muß mit Notwendigkeit bei allen Versuchstieren, auch bei den infizierten, auf sehr ungünstige Gesamtlebensbedingungen geschlossen werden. Gleichwohl erreichten die infizierten ein Durchschnittsgewicht von 142 mg, bei einer Durchschnittslänge von 26,5 mm, während die Steriltiere nur 25 mg schwer und 15,5 mm lang wurden. Von größter Wichtigkeit erscheint die Beobachtung, daß die infizierten Versuchstiere um so größer wurden und ein um so höheres Endgewicht erreichten, je früher die Infektion mit Bakterien eintrat. Auch das älteste Steriltier erreichte in Größe und Gewicht erst das schwächst entwickelte infizierte Tier.

Die Autorin schloß aus ihren Versuchen: „On peut donc affirmer que les microbes sont nécessaires à la vie et au développement des têtards".

Diese Versuche gestatten nach meiner Ansicht, wenn überhaupt, nur eine sehr beschränkte Schlußfolgerung im obigen Sinne. Der gleiche Einwand, den Schottelius gegen die Nutall-Thierfelderschen Experimente im allgemeinen erhoben hat, muß auch hier gemacht werden. Für ein beweiskräftiges Experiment bei keimfreier Züchtung muß unbedingt gefordert werden, daß infizierte Kontrolltiere zum mindesten sich nach allen Richtungen vollständig entwickeln, wenn man auch von der Forderung der vollkräftigen normalen Entwicklung mit Rücksicht auf die beim Versuch unumgänglich notwendige Erschwerung der gesamten Lebensbedingungen absehen kann. In keinem Fall dürfen jedoch Versuche als beweiskräftig erachtet werden, bei denen die Kontrollen schon während der Entwicklung absterben.

Die Versuche von O. Metschnikoff wurden durch E. Moro einer Nachprüfung unterzogen und unter dem Titel „Der Schotteliussche Versuch an Kaltblütern" veröffentlicht. Bei dieser Nachprüfung suchte Moro vor allem die Versuchsfehler zu vermeiden, auf welche ev. der negative Ausfall der Metschnikoffschen Sterilzüchtung und das Eingehen der Kontrolltiere zurückgeführt werden könnte. Er legte zunächst Wert darauf, die in der Entwicklung begriffenen Froscheier so spät wie möglich, d. h. unmittelbar vor dem Ausschlüpfen der Larve, durch Präparation keimfrei zu machen, weil die Erfahrung lehrte, daß in früheren Entwicklungsstadien die Eier gegen die schädigenden Einflüsse der Desinfizientien wesentlich empfindlicher sind als in späteren. Sodann sorgte er für eine hinreichende Durchlüftung der Züchtungsgefäße, die von O. Metschnikoff unterlassen war, und endlich überließ er die Kontrolltiere nicht einer Zufallinfektion mit irgend welchen Bakterien, welche dann die Aufgaben der Darmbakterien erfüllen sollten, sondern infizierte mit Froschdarmbakterien.

Als Versuchstier diente die Knoblauchskröte (Pellobates fuscus, Wagner). Der Froschlaich wurde in 1%ige Borlösung gesammelt und gereinigt; darauf wurde die äußere trübe Gallerthülle mechanisch entfernt und die Eier dann in fließendem Wasser energisch gewaschen. Nunmehr wurde die zweite, durchsichtige Gallerthülle abgezupft und die Eier, die jetzt nur noch von einer durchsichtigen klaren Haut umgeben waren, in 0,3%iger Borsäurelösung desinfiziert. Wurden von so behandelten Eiern Kontrollen in Kulturagar gebracht, so trübte sich zwar die äußere Hülle, aber aerob und anaerob konnten keinerlei Keime nachgewiesen werden.

Aus den desinfizierten Eiern schlüpften in den Kulturgefäßen nach 4—6 Tagen die Froschlarven aus.

Zur Züchtung dienten zylindrische Glasgefäße; die etwa $^3/_4$ l keimfreies Wasser enthielten. Diese waren mit einem bakteriendichten überhängenden, mit Heftpflasterstreifen umklebten Metalldeckel verschlossen, durch welchen drei Röhren und ein keimdicht verschließbarer Tubus hindurchführten. Die Tubusöffnung diente zur Einführung der Eier und der Nahrung. Eine der Röhren führte aus einer Sauerstoffbombe dem Wasser den nötigen Sauerstoff zu und endete unter der Wasseroberfläche mit einem Berkefeldfilter, so daß der O in fein verteiltem Zustande in das Wasser eintreten mußte. Die zweite Röhre diente der Wasserabfuhr; die innere Ansaugöffnung war mit einem dichten Platindrahtnetzchen geschlossen, so daß die Versuchstiere nicht mitgerissen werden konnten, und endete außen in einem Gefäß mit Sublimatlösung. Der Abfluß erfolgte durch Heberwirkung. Die dritte Röhre diente als Einlauf für frisches keimfreies Wasser. Als Nahrung wurde keimfrei gemachtes Oblatenpulver und gekochtes Hühnereiweiß gereicht. Ein Gefäß diente zur keimfreien Züchtung, ein zweites, ganz gleiches, zur Aufzucht der infizierten Kontrolltiere. Beide Gefäße wurden zunächst in gleicher Weise zu Beginn des Versuches sterilisiert und mit desinfizierten Eiern beschickt. In beiden schlüpften keimfreie Larven aus. Die Tiere des zweiten Gefäßes, welche zur Kontrolle dienen sollten, wurden am 7. Tage mit Faeces des Muttertieres infiziert. Der Versuch wurde 34 Tage durchgeführt. Die keimfreien Tiere blieben hinter den infizierten in Gewicht und Größe weit zurück. Sie erreichten bei einer Durchschnittslänge von 1,2 mm ein Durchschnittsgewicht von 0,025 g, während die entsprechenden Zahlen bei den Kontrolltieren 2,3 mm und 0,076 g betrugen. Bei den Steriltieren war kein Ansatz zur Extremitätenbildung und kein Einsetzen der Lungenkiemenatmung zu erkennen. Die Pigmentierung der Schwanzflossen war nur bei den Kontrolltieren und zwar schon nach 2 Wochen festzustellen. Ebenso waren die Kontrolltiere wesentlich lebhafter.

Das Verhalten der Versuchstiere war folgendes: Von 8 sterilen Tieren verendete 1 spontan während des Versuches, 3 wurden zu bakteriologischen Untersuchungen aufgebraucht, 4 erlebten steril das Ende des Experimentes, d. h. den 35. Versuchstag. Von diesen 4 entwickelten sich 2, in keimhaltige Umgebung gebracht, zu Normaltieren, die beiden andern gingen plötzlich zugrunde, als man sie, in Wasserleitungswasser übertragen, am zweiten Tage mit Sterilmilch zu füttern versuchte. Alle Kontrolltiere wuchsen zu Normaltieren aus.

Moro hält auf Grund seiner Versuche die Darmbakterien für das normale Gedeihen der Kaltblüterlarven für notwendig und erblickt in seinen Versuchen eine beweiskräftige Stütze für die Anschauung von Schottelius und Pasteur von der Bedeutung der Darmbakterien für die Ernährung höher organisierter tierischer Lebewesen. Mit weiteren Schlußfolgerungen ist er sehr vorsichtig, „da wir die anscheinend wichtige Rolle der Darmbakterien bei der Ernährung heute noch nicht genügend zu erklären vermögen". Er unterschätzt auch durchaus nicht die Rolle der Darmfermente für die Verdauung, indem er folgenden Satz aufstellt:

„Allein die Wirkungsweise der Darmbakterien ist, soweit uns die Ergebnisse ihrer Prüfung unterrichten, keine für den Aufschluß und die Verdauung der Nahrungsmittel so maßgebende, daß dieselben irgendwie mit jener der Verdauungssekrete in Konkurrenz treten könnten."

Bei dem Moroschen Versuch waren nach Möglichkeit die Züchtungsfehler der älteren, O. Metschnikoffschen Experimente vermieden worden, gleichwohl führten sie zu demselben negativen Resultat und werden daher allgemein als eine Bestätigung derselben aufgefaßt.

Inzwischen waren verschiedene Forscher mit Versuchen über die Bedeutung der Darmbakterien für das Leben wirbelloser Tiere hervorgetreten. Wenngleich keimfreie Züchtungsversuche an wirbellosen Tieren keinen direkten Schluß auf analoge Verhältnisse bei Wirbeltieren, speziell bei Säugern, gestatten, so müssen derartige Versuche als praktisch außerordentlich wichtig in dieser Darstellung doch besprochen werden, weil bei den verhältnismäßig einfachen Lebensbedingungen der Wirbellosen Einzelfragen des keimfreien Lebens, wie z. B. die Bedeutung der Trypsinfermente für die Verdauung (vergl. S. 25 u. 27) leichter gelöst oder der Lösung nahe gebracht werden können und weil weiterhin aus den bisherigen sorgfältigen und mühsamen Arbeiten an keimfreien Insekten in technischer Beziehung wichtige Vorteile für die komplizierteren Versuchsanforderungen bei Säugetieren gezogen werden können.

Sie seien an dieser Stelle zusammenfassend wiedergegeben, obwohl sie z. T. nach ihrer zeitlichen Einreihung erst später gebracht werden müßten.

Schon im Jahre 1898 hatte Bogdanow begonnen, keimfreie Fliegenlarven auf sterilisierten Nährmedien zu züchten. Anlaß zu seinen Experimenten boten die Mitteilungen Hofmanns (Z. f. Biolog. Bd. 8), daß Fliegenmaden imstande wären, aus fettfreien Nährmedien (z. B. Blut) Fett zu bilden. Da das von Hofmann den Maden als Nahrung zur Verfügung gestellte Blut in bakterieller Umsetzung begriffen war, so hielt Bogdanow es nicht für ausgeschlossen, daß in der Tätigkeit zersetzender Bakterien die eigentliche Quelle der Fettproduktion zu erblicken sei und die Fliegenmaden in Wirklichkeit schon fertiggebildetes Fett verzehrten. Zur Entscheidung der Streitfrage erschien es notwendig, keimfreie Maden auf sterilem Blut zu züchten.

Bei der Züchtung der keimfreien Fliegenmaden war eine Reihe praktischer Schwierigkeiten zu überwinden. Die Eier freilebender Fliegen sind sehr selten steril. Die Eierhaufen sind selbst im Innern meist mit Kokken (besonders Micrococcus acidi lactici) infiziert.

Bogdanow sah daher von der Benützung freilebender Fliegen und deren Eiern ganz ab, und züchtete sich seine Versuchstiere (Fleischfliegen) in geeigneten Behältern. Obwohl gewöhnlich Fleischfliegen-Eier und Maden auf faulem Fleisch natürlicherweise gefunden werden und dort gut gedeihen, so erwies sich dieses doch bei der Züchtung als ein ungeeignetes Nahrungsmittel. Auf frischem, aber nicht sterilisiertem Fleisch war das Züchtungsergebnis ganz wesentlich günstiger. Die Eierhaufen von Fliegen, die unter diesen Bedingungen gezüchtet waren, wurden wiederholt bei bakteriologischer Untersuchung keimfrei gefunden. Zur Erhöhung der Sicherheit für weitere keimfreie Züchtungsversuche wurden solche Eihaufen gleichwohl noch einmal desinfiziert. Als Desinfektionsmittel diente 5 %/$_{oo}$ wässerige Sublimatlösung. Die Desinfektion wurde in der Weise vorgenommen, daß die Eier zunächst einzeln auf eine Unterlage von steriler Glaswolle ausgebreitet wurden. Die Glaswollschicht mit den Eiern wurde zusammengerollt, auf beiden Seiten zusammengebunden, Wolle samt Eiern zweimal 1,5 Minuten lang in der Sublimatlösung gespült und endlich mit sterilisiertem Wasser gründlich ausgewaschen. Die Aufmachung der Eier in der Glaswolle bot den Vorteil, daß sie bequem und einzeln der Desinfektionswirkung ausgesetzt waren und ihr zur gewollten Zeit rasch wieder entzogen werden konnten. Die Lebenskraft der Eier erlitt durch die beschriebene Behandlungsmethode im allgemeinen keine Schädigung, nur ganz frisch abgelegte Eier erwiesen sich empfindlich gegen die Sublimateinwirkung. Die Entwicklung der sterilen Fliegenmaden aus desinfizierten Eiern war zwar möglich, bot aber individuell sehr große Verschiedenheiten: „Sterile Larven sind also nur bis zu einem gewissen Grade in sterilem Fleisch entwicklungsfähig; normale Größe, geschweige denn normale Entwicklungsgeschwindigkeit, erreichen sie gewöhnlich nicht."

Die Untersuchung einzelner besonders günstig entwickelter Sterillarven ergab, daß diese über eine reichliche Trypsin-Bildung und -Wirkung verfügten. Infolge dieses Befundes erschien Bogdanow das Trypsin von großer Bedeutung für eine gute Entwicklung der Maden, und dies brachte ihn auf den Gedanken, daß auch tryptisch wirkende Bakterien die Entwicklung der Sterillarven begünstigen müßten. Dahingehende Untersuchungen mit Reinkulturen verschiedener Bakterien ergaben im wesentlichen die Richtigkeit seiner Annahme. So konnte z. B. nachgewiesen werden, daß das Vorhandensein resp. die Zufuhr des Bac. pseudanthracis (Severin I) zu der bei 2 Atm. sterilisierten Nahrung das Wachstum der keimfreien Larven sehr förderte; Kokken boten dagegen keinen sichtbaren Vorteil für die Entwicklung der Sterilmaden. Auch der Zusatz von kleinen Ammoniakmengen zum Nährsubstrat schien günstig zu wirken. In nicht sterilisiertem mit Fliegenlarven verunreinigtem Fleisch wurden zwar stets verschiedene Arten tryptischer Bakterien gefunden, wurde aber derartiges Fleisch sterilisiert und dann als Nahrung für keimfreie Larven verwandt, so war sein Nährwert nicht größer als der von frischem sterilisiertem Fleisch. Sehr interessant und wichtig ist schließlich noch die Beobachtung Bogdanows, daß die entwicklungsbegünstigende Wirkung der tryptischen Bakterien auch durch Zusatz von reinem keimfreiem Trypsin ersetzt werden kann.

Diese bis zu einem gewissen Grade schon positiven keimfreien Züchtungsergebnisse Bogdanows wurden in der Folgezeit durch die Experimente von Wollmann und Guyénot bei weitem übertroffen.

Wollmann experimentierte mit Fleischfliegen und außerdem mit Fröschen. Zu seinen Fliegenversuchen benützte er meistenteils Calliphora vomitoria. Zur Desinfektion der Eier bediente er sich der Methode von Bogdanow, nur daß er als Desinfektionsmittel 1—4⁰/₀₀ Sublimatlösung oder 10 volumprozentige Wasserstoffsuperoxyd-Lösung in Anwendung brachte. Die Desinfektionslösung ließ er 5—6 Minuten einwirken und spülte mit sterilem Wasser nach. Nach der Desinfektion brachte er die Eier zur weiteren Entwicklung einzeln in sterile Reagenzgläschen, die mit Wattepfropf verschlossen waren und bei 115—120⁰ 20 Minuten lang sterilisiertes Fleisch als Nahrung enthielten. Neben den Steriltieren wurden drei Gruppen von Kontrolltieren gezüchtet: es entstand Gruppe A aus nicht desinfizierten Eiern auf frischem rohem Fleisch, Gruppe B aus nicht desinfizierten Eiern auf sterilisiertem Fleisch, das nachträglich mit von Fliegen bei der Eierablage infiziertem Fleisch geimpft wurde. Die dritte Gruppe C entstand aus desinfizierten Eiern, die auf dem gleichen Nährsubstrat wie B zur Entwicklung gebracht wurden. Die Entwicklung aller Kontrolltiere bot keine Unterschiede, wenn das sterilisierte Fleisch bei B und C zwei Tage vor Beginn des Versuches beimpft wurde, fand die Infektion später statt, so blieben beide Gruppen gegen Gruppe A im Wachstum zurück. Die Reagenzröhren mit den Fliegenkulturen wurden im Sommer bei Zimmertemperatur, sonst bei 22⁰ gehalten. Die Sterilität der Züchtungsgefäße wurde einer doppelten Prüfung unterworfen. Vor Beginn des Versuches wurden Proben des Fleischnährsubstrates in Gelatine und Bouillon auf Keimfreiheit kontrolliert und nur die sicher sterilen Gefäße

zum Versuche verwandt. Zum zweiten Male wurde dann die Keimfreiheit sichergestellt, wenn die Larve nach Erlangung ihrer natürlichen Größe aufhörte zu fressen
und sich in den bedeckenden sterilen Wattepfropf zur Verpuppung einschob. Der
Wattepfropf wurde dann mitsamt der Larve auf ein zweites steriles Röhrchen aufgesetzt, das erste Röhrchen aber, in dem sich der Rest des Fleisches und die Larven-
dejektionen befanden, mit steriler Nährbouillon oder Gelatine aufgefüllt und bebrütet.
Bei Verwendung von Gelatine als Nährmedium wurde diese hierbei auch bei Keimfreiheit der Dejektionen durch die in ihnen enthaltenen proteolytischen Fermente ohne
Trübung verflüssigt.

Zum Experimente dienten im ganzen über 300 Fliegeneier. Das Ausschlüpfen
fand gewöhnlich nach 24 Stunden statt. Schon vom zweiten Tage ab zeigten sich
Unterschiede zwischen den Sterillarven und den Kontrollen. Die Kontrolltiere sind
freßgierig, sie zerwühlen und zernagen das gesamte Fleischsubstrat. Demgegenüber
sind die Sterillarven ruhig und kriechen ohne Interesse an der Nahrung auf Wänden
und Fleisch herum. Die Sterillarven nehmen bis zum 4. Lebenstage kaum zu,
während die Kontrollen beinahe ausgewachsen sind. Bis zum 6.—8. Lebenstage ist
dieser anfänglich vorhandene Unterschied fast schon wieder ausgeglichen, weil die
Kontrollen vom 4. Tage ab sehr langsam wachsen, die Steriltiere aber rasch zunehmen. Sehr viele Exemplare unter den sterilen, wenige unter den infizierten
Larven bleiben im Wachstum überhaupt zurück und gehen vor der Verpuppung zugrunde. Die übriggelassene Fleischnahrung bei sterilen ausgewachsenen Larven ist
feucht, geruchlos, ohne Ammoniakentwicklung; das Fleisch bei den in der Entwicklung zurückbleibenden Sterillarven ist trocken; bei den keimhaltigen Larven entwickelt
sich lebhaft Ammoniak. Brachte Wollmann die sterilen Larven in Nährgelatine, so
entstand um dieselben entsprechend ihrer Körpergröße eine Verflüssigungszone.
Wollmann erblickt in dem Verflüssigungsvermögen der Larven die Ursache für die
raschere und stärkere Gewichtszunahme; doch ist natürlich auch die Annahme berechtigt, daß die größere Larve in ihrem größeren Darmkanal entsprechend mehr
proteolytisches Ferment besitzt und infolgedessen eine größere Verflüssigungszone
verursacht. Die Größe der erzeugten Verflüssigung ist kein Maß für die absolut
größere proteolytische Energie der Larve, von der sie ausging; ganz abgesehen von der
Schwierigkeit, aus der Größe der Umsetzung quantitativ auf die Fermentmenge zu
schließen.

Es erschien dem Autor nicht ausgeschlossen, daß für das frühzeitigere lebhaftere
Fressen der nicht sterilen Larven der Faulgeruch des Fleisches einen wesentlichen
Anreiz abgäbe. Versuche, faules Fleisch zu sterilisieren und dann als Nahrung für
die keimfreien Larven zu verwenden, waren für die Aufklärung dieser Frage nicht
recht geeignet, da der Faulgeruch des Fleisches beim Kochen fast vollständig verloren
ging; gleichwohl verbesserte derartiges sterilisiertes Faulfleisch, wenn es auch nur in
geringen Mengen sterilisiertem Frischfleisch zugesetzt wurde, die Ernährungsbedingungen
von keimfreien Larven ganz wesentlich.

Durch besondere Vorsichtsmaßregeln kann man bekanntlich aus dem gesunden
Tierkörper direkt sterile Fleischstücke gerinnen. Die Züchtung keimfreier Larven

auf derartigem ungekochtem sterilem Fleisch ergab in den ersten Lebenstagen keine bessere Entwicklung als auf dem durch Kochen sterilisierten. Wurde frisches Fleisch nach Tyndal (fraktioniert) sterilisiert, so war darauf das Wachstum von Sterillarven insofern günstiger, als eine raschere und frühere Zunahme erfolgte und weniger in der Entwicklung stehenbleibende Tiere gezählt wurden.

Mikroben begünstigten nach Wollmanns Erfahrungen im allgemeinen das Wachstum der Larven durch Zersetzung des Nährsubstrates. Durch Zusatz von keimfreien Trypsinen ließ sich die Wirkung der Bakterien ersetzen, ja, zuweilen erreichten bei Trypsinzusatz die keimfreien Larven schon in den ersten Lebenstagen eine raschere Zunahme als die Kontrollen; bis zur Verpuppung hatte sich aber der Größenunterschied wieder ausgeglichen. Bact. coli, Bact. proteus und Micrococcus aureus wirkten bei Wollmann gleichbegünstigend auf die Ernährung der keimfrei gezüchteten Larven. Eine tryptische Wirkung der Bakterien (nach Bogdanow) erscheint demnach nicht erforderlich. Der Bacillus putrificus war direkt deletär für das Wachstum der sterilen Larven, auch wurde dies durch Fleisch, welches sich in natürlicher starker Fäulnis befand, sehr geschädigt. Wollmann schließt aus seinen Versuchen: „que la vie animale est possible en dehors de toute intervention de microorganismes."

Mit gleich großer Sorgfalt und günstigem Erfolge versuchte Wollmann auch die Züchtung keimfreier Frösche. Er benützte die Eier von Rana temporaria. Diese wurden zunächst wiederholt in fließendem, sterilem Wasser gewaschen. Darauf wurden die einzelnen Eier voneinander getrennt und eine Desinfektion mit Wasserstoffsuperoxyd oder Antiforminlösung vorgenommen. Letztere hat den Vorteil, daß sie nicht nur desinfiziert, sondern gleichzeitig auch die Schleimhülle der Eier auflöst. Sie verdient deshalb den Vorzug. Sobald die äußere, trübere Schleimhülle aufgelöst ist, wird, ehe noch die innere klare Zone sich zu lösen beginnt, das Ei aus der Lösung entfernt und in drei bis vier Tuben mit sterilem Wasser abgewaschen. Viele Eier gingen bei der Desinfektion zugrunde. Wasserstoffsuperoxyd ergab bezüglich der Erhaltung der Entwicklungsfähigkeit der Froscheier weniger gute Resulte als Antiformin; Sublimat erwies sich praktisch als unbrauchbar. Wollmann machte auch den Versuch, geschlechtsreifen Tieren Eier und Sperma aseptisch operativ zu entnehmen, eine künstliche Befruchtung durchzuführen und aus solchen Eiern zu züchten. An und für sich war eine solche Züchtung sehr gut durchführbar, aber die erzielten Tiere waren nicht steril. Es muß deshalb angenommen werden, daß bei Fröschen eine bakterielle Infektion der Eier schon vor der Ablage, also innerhalb der Ausführungsgänge im Tierkörper stattfindet. Wollmann verblieb daher bei der Verwendung der oben beschriebenen Desinfektion natürlicher Eier. Die innere Gallerthülle derselben, die von der Antiformindesinfektionslösung nicht gelöst werden darf, zupfte er mit sterilen Nadeln auseinander, sobald an den in fließendem Wasser bebrüteten, desinfizierten Eiern Bewegung des darin befindlichen Embryos zu erkennen war. Die Jungen wurden nach diesem künstlichen Sprengen der inneren Eihülle in Röhrchen mit sterilem Wasser wiederholt gewaschen und dann jedes einzeln in ein Röhrchen mit keimfreiem Wasser gebracht. Der Transport findet mit jedesmal gewechselter steriler Pipette statt. Die Jungen bleiben zunächst gewöhnlich 1 bis 2 Tage am

Boden liegen, steigen dann in die Höhe und beginnen zu schwimmen. Nach 8 Tagen werden die Röhrchen mit den Einzeltieren auf Sterilität geprüft, und erst wenn diese gesichert ist, werden die Steriltiere in die eigentlichen Aufzuchtkolben gebracht. Diese Kolben haben die Form von Kochflaschen und besitzen einen seitlichen Tubus zur Einführung des Tieres und der Nahrung. Die Nahrung bestand aus einer sterilen Paste von Fleisch und Brot. Der Hals des Kolbens ist mit einem Gummipfropf verschlossen, durch den zwei Glasröhren hindurchführen. Die eine davon führt sterile Preßluft und mündet am Boden des Kolbens in dem sterilen Wasser. Sie dient der Durchlüftung, die zweimal des Tages eine halbe Stunde lang vorgenommen wird. Die zweite Röhre ist für die Luftableitung bestimmt.

Es wurden im Frühjahr 1911 und Frühjahr 1912 größere Versuchsserien durchgeführt. 1911 waren alle Versuchstiere bis auf eins bakteriell infiziert worden; das eine steril gebliebene war nach einem Monat ebenso groß wie die Kontrolltiere und hatte zwei Hinterextremitäten entwickelt.

Bei der ersten Gruppe der Versuchsserie von 1912 gelang es, 4 Larven steril zur Entwicklung zu bringen. Diese Tiere erreichten in einem Monat eine Länge von 26—30 mm; 5 Kontrolltiere gingen innerhalb der ersten Tage mit einer Länge von ungefähr 16 mm zugrunde. Drei zufällig mit Bakterien infizierte vorher sterile Versuchstiere erreichten in derselben Zeit eine Länge zwischen 21 und 28 mm.

Für die zweite Züchtungsserie wurden die Embryonen am 9. März aus den desinfizierten Eiern entnommen und bis zum 15. März in sterilem Wasser aufbewahrt. Bei der nunmehr vorgenommenen ersten Untersuchung auf Keimfreiheit erwiesen sich 60 Tiere frei von Bakterien; 46 von ihnen wurden in verschieden großen Gruppen auf 16 mit Nahrung versehene und sterilisierte Züchtungskolben verteilt. Am 9. April wurde die zweite, am 16. April die dritte Kontrolle der Züchtungskolben auf Sterilität durchgeführt: 9 Kolben mit 19 Tieren waren keimfrei geblieben, von diesen waren in Kolben 8 die 6 Insassen schon während der ersten Versuchstage (mit einer Länge bis zu 16 mm) abgestorben; 5 Tiere waren nicht gemessen worden, von den übrigen maßen eins: 20 mm; zwei: 21 mm; eins: 26 mm; eins: 28 mm; eins: 35 mm; eins: 40 mm. Das letzte Tier wurde am 23. März gemessen, während für die übrigen der Tag der Messung nicht angegeben wird.

Da künstlich infizierte Kontrolltiere in Zuchtkolben erfahrungsgemäß nicht am Leben blieben, so wurden für diesen Versuch als Kontrollen einmal 40 Embryonen aus desinfizierten Eiern in einer Kristallschale gezüchtet und außerdem diejenigen Zuchtkolben mit Tieren, die anfangs steril waren, aber während des Versuches durch Zufall bakteriell infiziert wurden, als Kontrollen angesehen. Zu den letztgenannten zählt Wollmann 6 Kolben mit 26 Tieren; in Kolben 6, 16 und 22 waren die 19 darin enthaltenen Tiere abgestorben, das größte maß 25 mm; das größte in Kolben 20 maß 32 mm, das in Kolben 9 maß 30 mm. Der Tag der Messung ist bei keinem angegeben. Von den 40 Kontrollen in der Kristallschale hatte das größte (am 23. März gemessen) eine Länge von 36 mm. Von den übrigen maßen 6 zwischen 35 und 36 mm; 24 zwischen 20 und 28 mm; 10 Tiere ungefähr 18 mm. Den beiden am 23. März gemessenen Versuchstieren, und zwar dem Steriltier aus Kolben 13 mit

40 mm und einem Kontrolltier aus der Kristallschale mit 36 mm, legt Wollmann offenbar besonderen Wert bei und schließt mit den Worten: „die Versuche beweisen, daß sterile Frösche unter günstigen Lebensbedingungen sich ebenso gut entwickeln, wie die Kontrolltiere. Man muß deswegen als festgestellt ansehen, daß Tiere der verschiedensten Art ohne Hilfe von Mikroben sich ernähren und entwickeln können."

Die Wollmannschen Versuche sind zweifellos mit vorzüglicher Technik und großer Mühe ausgeführt, leiden aber an dem prinzipiellen Versuchsfehler, daß keine Kontrollen vorhanden sind, die unter den gleichen Lebensbedingungen wie die Versuchstiere, nur bei Gegenwart der natürlichen Bakterienflora gezüchtet wurden. Die in Versuchskolben gehaltenen und künstlich in bestimmter Weise infizierten „eigentlichen" Kontrollen starben ab und mußten deswegen aufgegeben werden; der Bakteriengehalt der während des Versuchs zufällig infizierten Steriltiere ist nicht angegeben und es entzieht sich daher der Beurteilung, wie weit sie als Kontrollen angesehen werden dürfen, und über die in den Glasschalen gehaltenen Kontrollen liegen ebenfalls keine Angaben vor, die sie als brauchbare Vergleichstiere erkennen lassen.

Bezüglich der Entwicklung der Steriltiere ist bei Wollmann sicherlich ein absoluter Fortschritt gegenüber den Resultaten von E. Metschnikoff und Moro zu verzeichnen und die prinzipielle Möglichkeit der keimfreien Aufzucht von Fröschen kann nicht mehr bezweifelt werden, aber die Ernährung der Versuchstiere weicht so wesentlich von der natürlichen ab und die Versuchsdauer ist so kurz, daß weitgehende Schlüsse aus den gewiß vorhandenen Erfolgen nicht gezogen werden dürfen. Die Haltung der Kontrolltiere stellt gegenüber Moros Methode einen Rückschritt dar, denn dieser hatte entschieden mit der absichtlichen Infektion der steril gewonnenen Kontrolltiere durch Faeces der Muttertiere den richtigen Weg beschritten; seine schlechteren Resultate bei der sterilen Aufzucht dürften auf die Art der gereichten Nahrung zurückzuführen sein.

Wohl die ausgedehntesten und erfolgreichsten sterilen Züchtungsversuche an Wirbellosen, die in der Literatur überhaupt niedergelegt sind, hat Guyénot 1913 in wiederholten Berichten der Comptes rendus veröffentlicht. Seine Untersuchungen reichen bis in das Jahr 1907 zurück. Schon damals fand Guyénot, daß die Gewinnung und Züchtung keimfreier Fliegen zwar möglich ist, daß sie aber durch die Tätigkeit proteolytischer Bakterien weitgehend im günstigen Sinne beeinflußt werde. Diese ersten Versuche wurden mit Calliphora angestellt. In seinen letzten Experimenten hatte sich der Autor die Aufgabe gestellt, keimfrei gezüchtete Fliegen — es handelte sich diesmal um Drosophila ampelophila Löv. — auch zur keimfreien Fortpflanzung zu bringen. Im Mai 1911 gelang ihm zum ersten Male, eine regelmäßige Fortpflanzung keimfrei zu erzielen. Die Entwicklung des befruchteten Eies bis zur Mücke erforderte 12 Tage. Die ausgeschlüpften Mücken legten wieder an ihrem 2. Lebenstage Eier, so daß er in einem Monat 2 Generationen entstehen sah. Bei jeder dieser beiden Generationen entstanden in seinen Versuchen an 10 000 Fliegen. Weder die Stärke der keimfreien Einzelindividuen, noch die Fruchtbarkeit war — geeignete Ernährung vorausgesetzt — vermindert.

Der Autor ist sogar der Ansicht, daß die Keimfreiheit den Tieren günstigere

Lebensbedingungen bietet als das Aufwachsen in der freien Natur, denn die Sterblichkeit während der Entwicklung war bei seinen keimfreien Züchtungen praktisch
gleich Null, bei Aufzucht in septischer Umgebung unter sonst gleichen Bedingungen
starb dagegen immer eine große Anzahl der gezüchteten Tiere vorzeitig ab.

Die keimfreie Nahrung, die Guyénot seinen Sterilfliegen reichte, erwies sich
für ihre Entwicklung und Vermehrungsfähigkeit stets von ausschlaggebender Bedeutung. Sterilisierte Kartoffeln als alleinige Nahrung, waren ein sehr wenig brauch-
bares Futter für keimfreie Fliegen; wurden diese Kartoffeln im Versuche durch Zufall verunreinigt, und von Bakterienrasen überwuchert, so erlangten sie damit hohen
Nährwert für die gleichen Versuchstiere. Zunächst könnte man daraus den Schluß
ziehen, daß die nunmehr vorhandenen Mikroorganismen die bis dahin kümmerlichen
Ernährungsbedingungen auf steriler Kartoffel günstiger gestalteten, die weiteren Untersuchungen Guyénots gaben aber eine andere Erklärung. Er fand in dem Darm
von ursprünglich keimfreien Fliegen, die nach Infektion ihrer Kartoffelnahrung gut
gediehen waren, zahlreiche verdaute Hefezellen und mutmaßte, daß vielleicht Hefenahrung einen besonders günstigen Einfluß auf die Ernährung habe. Tatsächlich
macht die Zugabe von Hefezellen (levures de cidre) im lebenden oder abgetöteten
Zustande sterilisierte Kartoffeln zu einem vorzüglichen Nährmittel für keimfreie Fliegen-
zucht. Auch gewaschene und abgetötete Bäckereihefe vermochte für sich allein dem Nahrungsbedürfnis keimfreier Fliegen zu genügen, denn diese entwickelten sich dabei
normal und schritten zur Fortpflanzung. Gerade die Fortpflanzung war bei steriler
Hefenahrung sogar besonders gut: die Fliegen schlüpften mit fertig ausgebildeten
legereifen Eiern aus der Puppe. Hier hingegen enthielten keimfreie Fliegenweibchen,
die aus einer Zucht auf steriler Kartoffel stammten, beim Ausschlüpfen keine legereifen Eier, die Eiablage begann vielmehr bei ihnen erst nach 7—13 Tagen. Auch
die Gesamtproduktion von Eiern war vermindert und die Eier, selbst wenn sie be-
fruchtet wurden, vielfach überhaupt nicht oder nur begrenzt entwicklungsfähig; gediehen solche Eier bis zum Larvenstadium, so war die Sterblichkeit der Larven sehr
groß. Auch die wenigen aus einer derartigen Aufzucht erzielten voll entwickelten
Fliegen litten unter einer Lebensschwäche, die selbst durch Verbesserung der Ernährungsbedingungen nicht behoben werden konnte, denn auch bei hochwertiger Hefenahrung legten sie nur wenige Eier und starben vorzeitig ab. Wurden auf günstigem
Nährboden gezüchtete keimfreie Fliegen in Kulturgefäße übertragen, die nur sterile
Kartoffeln als Nahrung enthielten, so gingen sie größtenteils rasch zugrunde; nur
wenige blieben am Leben, und wurden die Stammeltern von Generationen, die sich
allmählich an die anfangs ungeeignete Kartoffelnahrung anpaßten. Weibliche Fliegen
aus solcher Zucht boten biologische Sonderheiten, auch insofern als ihr Vorrat an
Spermatozoen, einerlei ob das Männchen, von dem das Sperma stammte, auf steriler
Hefe oder Kartoffel gezüchtet war, sehr bald erschöpft war. Die rasche Degeneration
auch lebenskräftiger Spermatozoen im Receptaculum schlecht ernährter Weibchen
veranlaßte Guyénot zu der Behauptung, daß im Receptaculum nicht nur ein Vegetieren,
sondern auch irgend eine Ernährung der Spermatozoen stattfände. Auf Grund
seiner zahlreichen Versuche an keimfreien Fliegen vertritt er zum Schlusse die An-

schauung, daß Versuche über Variation und Vererbung nur an keimfreien Tieren ausgeführt werden dürften.

Einen Wendepunkt in der allgemeinen Anschauung über die Möglichkeit des keimfreien Lebens dürften in den letzten Jahren die Arbeiten Cohendys herbeigeführt haben. Dieser Autor, ein Schüler Metschnikoffs, studierte zunächst im hyg. Institut der Univ. Freiburg i. B. die Technik der Schotteliusschen Versuche und führte dann selbst erst in Freiburg und später am Institut Pasteur in Paris umfangreiche exakte Untersuchungen über die keimfreie Gewinnung und Züchtung von Hühnchen aus. Seine ersten Versuche wurden mit einem verhältnismäßig einfachen Apparat durchgeführt:

Ein zylindrisches Glasgefäß (d = 28, h = 15 cm) war durch ein doppeltes Drahtgitter und fest zwischengepreßte dichte Wattelager bakteriendicht geschlossen. Durch die Decke führten zwei Öffnungen. In der einen befand sich eine 2 cm weite, außen mit Wattepfropf geschlossene, innen über einem kleinen Bodengefäß sich öffnende Glasröhre (sie diente zum Einwerfen des sterilisierten Futters). Durch die andere führten zwei Glasröhren. Die eine von diesem war außen mit einer Saugpumpe verbunden, saugte ständig Luft aus dem Innenraum ab und entsprechend strömte ständig durch den Wattedeckel keimfrei filtrierte Luft ins Innere nach. Die zweite Glasröhre endete im Innern über einem Wassergefäß und diente zur Einführung von keimfreiem Wasser.

Der Boden des Apparates war mit sterilem Sand bedeckt. Das Ganze wurde im Dampftopf oder Autoklaven sterilisiert; die bis zum 20. Tag vorbebrüteten und nach Schottelius mit Sublimat desinfizierten Hühnereier wurden unter aseptischen Kautelen eingelegt. Durch Verbringen des Apparates in einen Thermostaten wurde sodann für die erwünschte Temperatur im Innenraum gesorgt. Durch die Glastür des Thermostaten konnte Tageslicht in den Apparat eindringen; der Verbindungsschlauch zur Saugpumpe war durch einen Lüftungstubus des Thermostaten nach außen geführt. Kontrollbrütungen und Aufzucht fanden in einem gleichen Apparat bei gleichem sterilisiertem Futter ohne aseptische Kautelen, aber an desinfizierten Eiern statt. Als zweite Kontrolle wurden ebenso künstlich erbrütete Hühnchen mit der gleichen nicht sterilisierten Nahrung im Freien aufgezogen.

Beim ersten Versuch wurden je drei Eier in jeden Apparat eingelegt. Nach dem Ausschlüpfen wurde die Temperatur auf 35⁰ eingestellt. Als Futter wurde gereicht:

Am 1. Tage, nichts,

am 2. Tage, trockene Brotkrume und Eidotter,

am 3. Tage, wie am 2., dazu ein Gemenge von zerkleinertem Mais, Kartoffel, Reis, Gerste und Salat,

am 4. und 5. Tage wie am 3., dazu noch Milch,

am 6. Tage wie am 3., dazu Hirse und Fliegen,

vom 7.—12. Tag wie am 3., dazu gehacktes Ei und Zichorie.

Der Kontrollapparat wurde alle zwei Tage gereinigt. In dem Sterilapparat entstand durch die Wasserabgabe der Tiere eine ständige Wasserkondensation. Hierdurch verschmutzten Innenraum und Tiere sehr stark. Der Versuch mußte deshalb am 13. Tage unterbrochen werden, zumal auch durch die feuchtgewordenen Watteverschlüsse von außen angesiedelte Schimmelpilze ins Innere einzuwuchern drohten. Anzahl und Gewicht der erbrüteten Tiere waren am 13. Tage folgende:

Nr. I.

Gruppe A (Sterilapparat)   2 Hühnchen, Gewicht 54 g, 37 g,
„   B (Kontrollapparat) 3   „ ,   „   54 g, 51 g, 40 g,
„   C (Freizucht)   3   „ ,   „   70 g, 64 g, 68 g.

Von Gruppe B starb ein Hühnchen am 13. Tage; alle übrigen nahmen bei natürlicher Aufzucht weiterhin eine normale Fortentwicklung. Aus diesem Versuche schloß Cohendy, daß Gruppe A und B zwar mäßig, aber zweifellos an Gewicht zugenommen haben und daß entsprechend für die Möglichkeit einer Aufzucht ohne Bakterien begründete Aussichten vorhanden seien. Das Zurückbleiben der in den Apparaten gehaltenen Hühnchen gegenüber den natürlich aufgezogenen führte er nicht nur auf das Sterilisieren der Nahrung, sondern vor allem auf die gesamten ungünstigen Lebensbedingungen zurück, und stellte sich als nächste Aufgabe, einen Aufzuchtsraum zu konstruieren, der bei vollkommener Bakteriendichtigkeit den Hühnchen vor allen Dingen mehr Bewegungsfreiheit gestatte, eine dauernde genügende Luftzufuhr gewährleiste und außerdem mit ständig frischem Wasser versehen sei. Diesen Forderungen wurde in folgender Weise Genüge getan.

Der Aufzuchtapparat[1]) besteht aus einem Laufraum L und einem Brutraum G. L ist ein Glaszylinder von 80 cm Länge und 35 cm Durchmesser. Dieser ist an seinen Stirnseiten mit Bronzeplatten (Gummi- und Wattepreßdichtung) geschlossen, in denen verschiedene Öffnungen angebracht sind. Die Platte 1 (links) besitzt mitten eine große Öffnung zur Verbindung mit G, daneben eine kleinere Öffnung für die Atmungsluftzufuhr. Der Eingang vom Laufraum zum Brutraum ist zur Wärmehaltung mit einem wollenen, in der Mitte geschlitzten Vorhang lose verhängt, so daß die Kücken nach Belieben von einem in den anderen Raum hindurchschlüpfen können. Die Atmungsluft wird außerhalb des Gebäudes im Freien entnommen, mit einer Röhre durch die oben erwähnte Öffnung der Platte 1 so eingeleitet, daß sie im Brutraum an der Decke und am Boden ausströmt. Der bakteriendicht angesetzte Brutraum ist mit 25 cm Seitenlänge kubisch aus Kupfer gearbeitet und trägt auf seiner freien Rückseite eine verschraubbare Öffnung, die groß genug ist, um die Einführung der vorbebrüteten und desinfizierten Eier zu gestatten. Seinen Bodenbelag bildet eine hohlliegende Nickelplatte mit Vertiefungen für die einzulegenden Eier, unter ihr zieht sich eine Leinwandschicht hin, welche durch eine besondere Einrichtung ständig feucht gehalten wird, und somit die Quelle für die nötige Feuchtigkeit der Brutluft abgibt. Wände und Boden sind außerdem noch mit Asbest umkleidet, die Wärmezufuhr findet somit bei der regulierbaren Außenheizung des Brutraumes wie bei natürlicher Bebrütung im

---

[1]) Eine Zeichnung konnte leider nicht beigegeben werden, da die Abbildung im Original unscharf ist. Die Buchstabenbezeichnung wurde eingeführt, um die Beschreibung zu vereinfachen.

wesentlichen nur von oben her statt. Der Laufraum wird nur durch die ausströmende Wärme des Brutraumes geheizt und weist entsprechend immer eine etwas niederere Temperatur auf, so daß die erbrüteten Hühnchen nach Bedürfnis größere oder geringere Wärme aufsuchen können. Der Boden des Laufraumes besteht aus einer hohlliegenden Metallplatte. Die Bronzeplatte, welche die rechte Stirnwand des Apparates bildet, enthält drei Öffnungen, zwei davon über der Höhe der Bodenplatte. Von diesen ist eine so groß, daß man mit der Hand durchfassen kann, die zweite klein, zur Einführung einer Pinzette. Ein seitlicher Hahn an dem Tubenansatz dieser Öffnung gestattet der Atmungsluft den Austritt. Die dritte Öffnung liegt unter der Höhe der Bodenplatte und soll zur Entfernung von Abfall dienen. An die Öffnungen der Bronzeplatten sind Metalltuben angesetzt, in die sterile Wattepfröpfe eingepreßt werden können. Zum Schutz gegen das Anpicken der Hühnchen sind die Tuben nach innen mit einem Metallgitter versehen. Über diese Ansatztuben sind dann außen nochmals Metallkammern angeschweißt, die abschraubbare Deckel tragen. Um das Feuchtwerden des Innenraumes und der Insassen, welches, wie oben erwähnt, bei dem ersten Apparat große Schwierigkeiten bereitete, zu vermeiden, sind besondere Vorsichtsmaßregeln getroffen. Zunächst wird die Temperatur des Laboratoriums, in dem der Apparat aufgestellt ist, so reguliert, daß sie ständig um ein Geringes höher liegt, als die Innenwärme des Laufraumes. Außerdem ist innen an der Decke des Laufraumes eine Kupfer-Schneckenröhre eingelassen, die von außen beständig mit kaltem Wasser durchströmt wird. An ihr findet dementsprechend eine starke Kondensation statt. Das Kondensationswasser wird in einer unmittelbar unter der Röhre angebrachten Rinne aufgefangen und als destilliertes Wasser einem silbernen Tränkgefäß zugeführt. Der Überlauf dieses Gefäßes steht durch eine Röhre, welche unter dem Metallboden des Laufraumes fortgeführt ist, mit der oben erwähnten Leinwandplatte des Brutraumes in Verbindung. Das Laboratorium, in dem der Versuch vor sich geht, ist gegen Eindringen von Staub durch Portieren, sowie durch Abdichten von Fenstern und Türen, nach Möglichkeit geschützt. Der ganze Apparat kann im Autoklaven sterilisiert werden. Soll zwecks Einführung oder Herausnahme eines Gegenstandes einer der bakteriendichten Zugänge des Apparates geöffnet werden, so geschieht dies unter dem Schutz eines angehängten Gummizeltes (ähnlich dem Paul Sarweyschen Kasten für Händedesinfektion). Dieses wird innen mit Sublimatspray sterilisiert. In die Wände des Zeltes sind als Fenster Glimmerplatten eingefügt, so daß man jede Hantierung mit dem Auge überwachen kann. Hände und Arme des Experimentators sind während des Arbeitens im Gummizelt mit sterilen Handschuhen bekleidet und fassen durch Schlitze in das Zelt ein.

Die Aufzucht in dem beschriebenen Apparat wurde, soweit es die Fütterung betrifft, in zwei verschiedenen Arten betrieben; entweder das sterile Futter wurde unter Wahrung der Keimfreiheit täglich hineingegeben oder das gesamte Futter für die ganze Dauer der vorgesehenen Zuchtperiode wurde von Anfang an auf einmal auf den Boden des Apparates niedergelegt und mit diesem sterilisiert. Bei letzterer Methode (II) mußte der Innenraum nur zur Einführung der bebrüteten und desinfizierten Eier geöffnet werden; im übrigen blieb er bis zur Beendigung des Versuches keimdicht geschlossen; er war also vor jeder nachträglichen bakteriellen Verunreinigung von außen absolut gesichert.

Wie bei dem ersten Versuche in Freiburg wurden jeweils drei Gruppen von Tieren aufgezogen:

Gruppe A, steril im Apparat.

Gruppe B, nicht steril, unter möglichst ähnlichen räumlichen Verhältnissen, aus desinfizierten Eiern, mit gleichem sterilem Futter und destilliertem Wasser.

Gruppe C, aus undesinfizierten Eiern, mit gleichem, nicht sterilem Futter und Quellwasser, unter möglichst günstigen Lebensbedingungen.

Die Tiere wurden klinisch während des Versuches genau beobachtet, zum Schlusse gewogen, einzelne seziert und genau untersucht. Das Futter war ähnlich dem des ersten Versuches, d. h. es wurde auf möglichst abwechslungsreiche geeignete Nahrung besonderer Wert gelegt. Trotz des komplizierten Baues oder vielmehr gerade infolge desselben traten wiederholt technische Störungen der Experimente ein. Bald schlüpften infolge zu großer Trockenheit die Hühnchen nicht aus, bald genügte die Luftzufuhr nicht, bald verstopfte sich die Kondensationswasseranlage. Ich kann bei der hier folgenden Darstellung nur das für die kritische Beurteilung der Versuche Notwendige des näheren ausführen.

Nr. II.

Versuch vom 12. 5. 08; Dauer 20 Tage.

Gruppe A = 1 Hühnchen, Gewicht: 106 g,
    „   B = 3   „ ,   „ :   85 „, ? g,
    „   C = 3   „ ,   „ :   84 „, 104 g, ? g.

Das Steriltier ist sehr lebhaft und freßgierig; es erscheint besser entwickelt als die Tiere von Gruppe B; reichlicher Absatz von gut geformten Faeces; Harn stets klar und von den Faeces gesondert(?). B, 2[1]) verendet am 12. Tage, C, 3 am 8. Versuchstage. Die Sektion ergab normale Verhältnisse, das Duodenum enthält zahlreiche Zellkerne; vollkommen steril.

Nr. III.

Versuch vom 21. 4. 08; Dauer 15 Tage.

Gruppe A = 2 Hühnchen, Gewicht: 75 g, ? g,
    „   B = 4   „ ,   „ :   60 g, 81 g, 68 g, ? g,
    „   C = 4   „ ,   „ :   64 g, 69 g, 58 g, 71 g.

Die Tiere A sind lebhaft und erscheinen denen von B gleichwertig. Da beide gleich stark, wird das eine am 15. Tage zur Untersuchung herausgenommen. Bei dieser Gelegenheit gelangten zwei verschiedene Keime: (Mesentericus fuscus und Coli commune) in den Apparat, die Sterilität war damit unerwünschterweise unterbrochen. Die eingedrungenen Keime beeinflußten die Weiterentwicklung von A, 2 kaum, denn es wog am 30. Tage: 91 g, während B, 2: 162 g und B, 3: 90 g Gewicht aufwies.

(Das Gewicht von C, 1—4 nach 30 Tagen ist nicht angegeben.)

Anm. ? = Gewicht nicht angegeben.
[1]) B, 2 bedeutet: zweites Hühnchen der Gruppe B;
   C, 3: drittes Hühnchen der Gruppe C usw.

Nr. IV.

Versuch vom 24. 10. 09; Dauer 33 Tage.

Gruppe A = 1 Hühnchen, Gewicht: 89 g,
  „   B = 2   „   ,   „ : ? g, 108 g,
  „   C = 1   „   ,   „ : 125 g.

A, 1 ist in den ersten Tagen kümmerlich entwickelt, nimmt aber rasch an Kräften zu. Am 33. Tage zeigt es geringgradige Steifheit der Beine. B, 1 verendet am 5. Tage. Bei B, 2 sind die Gelenke fast vollständig ankylotisch, während C gut entwickelt ist besonders auch bezügl. des Federkleides.

Nr. V.

Versuch vom 10. 6. 10; Dauer 40 Tage.

Gruppe A = 4 Hühnchen, Gewicht: 50 g, 48 g, ? g, ? g,
  „   B = 5   „   ,   „ : 180 g, 112 g, 125 g, 123 g, ? g,
  „   C = 4   „   ,   „ : 162 g, 145 g, 178 g, 130 g.

Vom 5. Tage ab entsteht bei zwei von den Steriltieren Atemnot; sie fressen schlecht. Die Luftzufuhr ist ungenügend; beide verenden. Die überlebenden leiden offenbar auch durch die ungenügende Atmung; sie sind zwar lebhaft, aber sie lassen die Flügel hängen. Bei der Sektion sind die Organe anämisch.

Nr. VI.

Versuch vom 5. 3. 11; Dauer 35 Tage.

Gruppe A = 2 Hühnchen, Gewicht: 69 g, 64 g,
  „   B = 5   „   ,   „ : 63 g, 69 g, 79 g, 51 g, ? g,
  „   C = 3   „   ,   „ : 71 g, 123 g, 70 g.

Um die Nahrung zu verbessern, wurden ihr in diesem Versuch Fleischstückchen und Fett zugegeben. Letzteres bildete bei der Sterilisation um die übrige Nahrung nach Cohendys Angaben eine feste unverdauliche Hülle. Hierdurch leidet die Ernährung bei A und B. B, 5 ist von Anfang kränklich und verendet am 19. Tage. Am 25. Tage beginnt A, 2 zu kümmern, ebenso B, 1 und B, 4. Bei der Sektion sind die Erkrankten anämisch.

Nr. VII.

Versuch vom 17. 4. 11; Dauer 22 Tage.

Gruppe A = 3 Hühnchen, Gewicht: 58 g, 57 g, ? g.
  „   B = 4   „   ,   „ : 60 g, 57 g, 83 g, 62 g.
  „   C = 2   „   ,   „ : 62 g, 82 g.

Am 5. Versuchstage verstopfte sich durch Futterreste die Wassertränke. Infolgedessen verendet A, 3 durch Verdursten am 10. Tage, während A, 1 und A, 2 sich durch Auffangen von Kondensationstropfen kümmerlich am Leben hielten. Der Versuch wurde daher am 22. Tage abgebrochen.

Die Sektion bei A, 1 ergab normalen Befund. A, 2 wurde nicht seziert. A, 3 bot entsprechend dem Umstand, daß es schon vor 10 Tagen abgestorben war, eingetrocknete und verkleinerte Organe, bei völliger Sterilität. Die Wände einzelner Darmabschnitte waren durch die Verdauungssäfte mazeriert.

Nr. VIII.

Versuch vom 7. 6. 11; Dauer 45 Tage.

Gruppe A = 2 Hühnchen, Gewicht: 74 g, 58 g,
„ B = 4 „ , „ : 62 g, 57 g, 58 g, 57 g,
„ C = 5 „ , „ : 80 g, 80 g, 77 g, 99 g, 92 g.

Die Gruppe A erhielt an mehreren Tagen infolge Versagens der Kondensations-anlage kein Wasser. An den gleichen Tagen wurde auch Gruppe B nicht getränkt. Die Tiere fraßen in der Durstperiode schlecht und waren nicht munter; die Folge war ein Schwächezustand, der erst gegen Ende der Versuchszeit (40. Tag) wieder behoben wurde. Entwicklung klinisch bei A und B gleich; bei der Sektion Organe anämisch.

Wenn eine Gruppe von sterilen Hühnchen zufällig mit Bakterien infiziert wurde, so wurde der Einfluß dieser Keime, die höchstens in zwei Arten vorkamen, studiert. Ein solcher Versuch ist bereits vom 21. 6. 08 beschrieben. Ein zweiter infizierter Versuch wurde vom 28. 6. bis 28. 7. 09 beobachtet.

Versuchsdauer 30 Tage.

Am 14. Versuchstag war der Apparat, wie die Probeentnahme ergab, noch steril, doch muß bald nachher ein Enterokokkus (Grötenfeld) hineingelangt sein, wenigstens war bei der Probeentnahme am 27. Versuchstage ein sehr reichliches Vorhandensein dieses Mikroben überall zu konstatieren.

Gruppe A = 4 Hühnchen, Gewicht: 81 g, 113 g, 105 g, 79 g,
„ B = 4 „ , „ : 105 g, 104 g, 90 g, 68 g,
„ C = 5 „ , „ : 95 g, 83 g, 103 g, 82 g, ? g.

Das Vorhandensein des Enterokokkus übte klinisch keinen Einfluß auf die Entwicklung und das Befinden der Hühnchen aus.

Nr. IX.

Versuch vom 15. 8. 10; Dauer 60 Tage (Methode II, vergl. S. 33).

Gruppe A = 2 Hühnchen, Gewicht: 62 g, 75 g,
„ B = 3 „ , „ : 120 g, 95 g, 102 g,
„ C = 4 „ , „ : 130 g, 165 g, 172 g, 163 g.

Gruppe A wurde am 25. Versuchstage mit Koli infiziert, während die Hühnchen dieser Gruppe bis dahin keimfrei geblieben waren. Auf den im Innern aufgestellten Agarplatten traten Kolonien auf und die abgesaugte Atemluft hatte einen Geruch nach Kolikulturen. Zwei Tage darauf zeigten die Insassen Atmungsbeschwerden, die dauernd anhielten. Die Hühnchen blieben in der Entwicklung zurück. Bei der Sektion waren Darm, Leber und Lungen hyperämisch, das Herzblut keimfrei. Die Reinkultur des vorgefundenen Koli brachte per os beim Menschen, bei zwei erwachsenen Hunden und ebenso bei 69 Tage alten Hühnchen der Gruppe B und C keine krankhaften Veränderungen zuwege.

Hier verursachte demnach Koli allein bei den Steriltieren Gesundheitsstörungen während Koli zusammen mit Mesentericus vergl. S. 34 III. schadlos vertragen wurde.

Nr. X.

Versuch vom 24. 1. 11.   Dauer 28 Tage.

Gruppe A = 1 Hühnchen.   Gewicht 53 g,

  „ B = 3 „ . „ 61 g, 65 g, ? g,

  „ C = 3 „ . „ 66 g, 71 g, ? g.

Am 28. Versuchstage gelangen Subtiliskeime zu den bis dahin ohne Besonderheiten entwickelten und sterilen Hühnchen. Die Atmungsluft nimmt einen Geruch nach verdorbenem Mehl an; zwei Tage darauf stellen sich schwere Gesundheitsschädigungen bei dem infizierten Hühnchen ein; die Füße werden steif; es läßt die Flügel hängen, sträubt die Federn und stirbt am 3. Tag nach der Infektion. Bei der Sektion: Peritonitis und Pleuritis serosa; Bronchien und Verdauungskanal sind mit Kulturmembranen ausgekleidet. Bac. subtilis hatte sich also in diesem Fall als pathogen erwiesen.

Hiermit ist die Reihe der veröffentlichten Versuche von Cohendy erschöpft. Der Autor schließt aus seinen Versuchen:

„Ein keimfreies Leben ist bei einem Wirbeltier möglich und zwar bei dem Huhn, das normalerweise eine sehr reiche Bakterienflora beherbergt. Dieses keimfreie Leben bedingt für den Organismus keinerlei Störungen.“

Die Versuche Cohendys haben zunächst etwas Überraschendes an sich und wirken vor allem durch die große Reihe und durch die exakte Durchführung im einzelnen.

Bisher wurden sie, soweit mir die Literatur bekannt ist, nur von Schottelius einer Kritik unterzogen und ich möchte diese bringen, ehe ich meine eigene Stellungnahme anführe.

Schottelius beanstandet vor allem die Beweiskraft der Cohendyschen Wägungen, weil das Anfangsgewicht der Hühnchen nicht festgestellt wurde. Sodann weist er bei der Besprechung der einzelnen Versuche darauf hin, daß in vielen Fällen das Gewicht, die Entwicklung und das klinische Wohlbefinden der Sterilhühnchen dem der Kontrollen nachsteht; somit wären die Schlußfolgerungen Cohendys nicht begründet. Einen Vergleich der Gesamtresultate Cohendys mit seinen eigenen früheren Versuchen hält er wegen der sehr abweichenden Versuchstechnik nicht für angängig.

Es muß zweifellos zugegeben werden — ganz einerlei wie die Versuchstechnik sich gestaltet — daß einzelne der Cohendyschen Sterilhühnchen während der ganzen Versuchsdauer klinisch gesund waren und am Ende derselben ein Gewicht aufwiesen, das von dem der Kontrollen nicht wesentlich verschieden war. Einige Gramm Körpergewicht mehr oder weniger machen dabei nichts aus und ein positiver Befund beweist auch hier mehr als hundert negative. Eine Verdauung und Resorption von Nahrung muß bei der langen Dauer der einzelnen Versuche unbedingt stattgefunden haben. Diese Nahrung war körperfremd und es handelte sich also um eine selbständige Ernährung. Die weitgehenden Schlüsse Cohendys kann ich aber deswegen nicht unterschreiben, denn gerade bei den widersprechenden Resultaten der verschiedenen Autoren, die alle in ihrer Art recht haben mögen, ist es im Interesse einer planmäßigen Weiteraufklärung dieser wichtigen Fragen unbedingt erforderlich, daß man das tatsächlich Bewiesene von den subjektiven Anschauungen der einzelnen scharf trennt. Cohendy beweist, daß Hühnchen unter den bestimmten Versuchsbedingungen eine bestimmte Zeit unter Gewichtszunahme zu leben vermögen und dabei dem Beschauer einen klinisch gesunden Eindruck machen; man kann daraus ein dauernd keimfreies Leben des Huhnes für möglich erachten, bewiesen ist es nicht. Bewiesen ist auch nicht, daß das keimfreie Leben für die Hühnchen keinerlei Schädigungen bedingt, dafür sind die Erhebungen noch viel zu unvollständig. Es fehlt z. B. die Bestimmung des Wassergehaltes der Organe, es fehlen Stoffwechseluntersuchungen usw. Das Verdienst der Cohendyschen Untersuchungen wird durch eine strenge Anforderung an ihre Beweiskraft nicht geschmälert.

Wenn ich die für eine Bewertung des keimfreien Lebens in Betracht kommenden Versuche Cohendys nach ihrer Aufeinanderfolge mit I—VIII bezeichne, so ist der Autor selbst der Ansicht, daß Nr. I und VI wegen des geringen Gewichtsunterschiedes zwischen Gruppe A und Gruppe B nicht in Rechnung gesetzt werden können; des weiteren dürften Nr. V und VII wegen der technischen Störungen im Versuchsverlauf nicht berücksichtigt werden und endlich sei in Nr. IV zweifellos ein geringeres Gewicht, in Nr. II, III und VIII ein ebenso sicheres Mehrgewicht der Steriltiere gegenüber den Kontrollen zu konstatieren. In der Mehrzahl der Fälle sei also eine Zunahme der Steriltiere über das Gewicht der Normaltiere hinaus zu konstatieren.

Dieser Auslegung kann ich nur in beschränktem Maße zustimmen. Richtig ist, daß Versuch V und VII nicht in Rechnung zu setzen sind. Versuch I und VI fallen aber nicht in die Fehlergrenze, wenn man Gruppe A nicht nur mit Gruppe B, sondern zugleich auch mit Gruppe C vergleicht. Versuch I spricht für sich betrachtet zu gunsten der natürlichen Aufzucht, denn in 12 Tagen überschreiten C, 1—3 das Durchschnittsgewicht der drei Gruppen mit mindestens 10 g, während von A und B je ein Tier dasselbe eben erreichen und drei dahinter zurückbleiben. Gruppe A bleibt hinter B und diese hinter C zurück! Versuch VI spricht bei Durchschnittsberechnung ebenfalls zu gunsten der natürlichen Aufzucht, denn A und B bleiben hinter C um etwa 20 g zurück, aber in der Gruppe C selbst kommen Gewichtsdifferenzen von 50 g, d. i. über die Hälfte des Gesamtgewichts vor und das Futter bei A und B ist durch die Sterilisation offenbar schwer verdaulich gemacht; der ganze Versuch kann also nicht hoch bewertet werden und kommt richtiger nicht in Rechnung. Versuch IV ist ein zweifelloser Mißerfolg der sterilen Aufzucht. Es blieben noch die drei positiven Befunde des Autors. Versuch III ist bei Durchschnittsberechnung ein glatter Erfolg, denn das Sterilhühnchen ist schwerer als die Kontrollen bei natürlicher Aufzucht, es ist ihnen in 15 Tagen um 9 g voraus. Diese Tatsache müßte direkt für die Schädlichkeit des natürlichen Aufziehens sprechen, doch hat Cohendy das Gewicht eines Steriltieres mit dem von 3 B- und 4 C-Kontrollen in Vergleich gesetzt. Im einzelnen betrachtet ist A, 1 zwar leichter als das schwerste Tier von B, aber der Versuch bleibt auch ein Erfolg, wenn man die Gewichtsdifferenzen in den einzelnen Gruppen berücksichtigt: A ist in der Entwicklung sicherlich nicht zurückgeblieben. Versuch II ist in gleicher Weise aufzufassen: das Steriltier bleibt in 20 Tagen hinter den überlebenden Kontrollen nicht zurück. Bei VIII darf auf das etwas höhere Durchschnittsgewicht von A gegenüber von B kein großer Wert gelegt werden. Erstens bleiben beide beträchtlich hinter C zurück, haben demnach beide — offenbar durch Durst — sehr gelitten und wenn auch nach Möglichkeit die Verhältnisse für B ebenso ungünstig gestaltet wurden wie für A, so wird man doch aus anämischen Versuchstieren nicht auf die Bedeutung der Darmbakterien für gesunde Tiere schließen wollen.

Es blieben demnach zwei Mißerfolge I und IV, gegenüber zwei gleichwertigen Aufzuchtversuchen II und III bestehen. Auf letztere ist der Hauptwert zu legen, aber sie beweisen auch nur etwas für die in den Versuchen durchgeführten Zeiten und bei der bestimmten Versuchsanordnung.

Für eine Bewertung der Cohendyschen Versuche ist es notwendig, sich vor allem über experimentelle Brauchbarkeit der drei Versuchsgruppen ein Urteil zu bilden. Sind die Lebensbedingungen derselben so gestaltet, d. h. so günstig, den natürlichen nahekommend, so einfach, daß mit Sicherheit die wirkliche Ursache klinischer Störungen in den gewählten Versuchsbedingungen erkannt werden kann? Gruppe C wurde aus nicht desinfizierten Eiern erbrütet; von 28, offenbar während der Bebrütung als „gut" ausgesuchten Eiern wurden in dieser Gruppe insgesamt 25 Hühnchen erzielt, der Brutapparat muß darnach als geeignet bezeichnet werden. Futter und Wasser wurden in genügender Menge, bei Aufzucht nach Methode I jeden Tag, nach II häufig gereicht; auch der Aufzuchtraum muß zweckentsprechend gewesen sein, denn nur zwei der Hühnchen gingen während der Versuchsdauer zugrunde. Der Gewichtsunterschied der Normalhühnchen betrug mindestens 6, höchstens 53 g und im Durchschnitt 22,75 g.

Die Kontrollhühner der Gruppe B wurden in einem Aufzuchtraum gehalten, der in den Größenverhältnissen genau dem der Gruppe A entsprach. Auch das Futter und Wasser war identisch und wurde bei Aufzucht nach Typ I täglich sterilisiert und verabfolgt, nach II auf einmal sterilisiert, aber in einzelnen, hinreichenden Mengen zur Verfügung gestellt. Von 31 desinfizierten Eiern wurden in dieser Gruppe 30 Hühnchen erzielt: ein sehr guter Erfolg. Der größte Gewichtsunterschied beträgt 68, der geringste 5 g; im Durchschnitt 20,25 g. Während des Versuches gingen 4 Tiere (etwa 12%) spontan zugrunde und wiederholt wurden unerwünschte Krankheitszustände beobachtet. Die Haltung hat demnach für Gruppe B schon erhebliche Gesundheitsschädigungen bedingt.

Bei Gruppe A endlich stand ein Brutraum von 25 : 25 und ein Laufraum von etwa 30 : 80 cm, also günstigstenfalls $^1/_3$ qm zur Verfügung, ein Raum, der bei einer Besetzung auch nur mit einem Tier als bedenklich klein bezeichnet werden muß. Das qualitativ und quantitativ ausreichende Futter wurde nach Typ. I täglich, frisch sterilisiert, gegeben, nach Typ. II auf einmal mit und in dem Apparat sterilisiert. Als Trinkwasser diente Kondensationswasser, also ein destilliertes, salzfreies Wasser, welches im Apparat gesammelt wurde! Destilliertes Wasser als Getränk muß für hygienisch sehr bedenklich erachtet werden. Es verendeten während des Versuches 3 Tiere = 18%, also noch mehr als in Gruppe B; auch klinische spontane Krankheitssymptome wurden des öfteren festgestellt. Von 28 desinfizierten Eiern schlüpften nur 17 = 33% aus. Hieraus muß auf ein schlechtes Funktionieren der Brutvorrichtung geschlossen werden. Die Gewichtsunterschiede betragen mindestens 1 und höchstens 17 g.

Es kann hiernach Gruppe C wohl sehr gut als normal angesehen werden. Aus dem Verhalten der Gruppe B aber ergibt sich, daß sie schon durch Nahrung und Aufzucht unter viel schlechtere Bedingungen gestellt ist. Ein Vergleich von Gruppe A direkt mit C ist daher unzulässig, und damit der Wert des Gesamtversuches sehr verringert, denn man muß A mit B, d. h. zwei anormale Gruppen miteinander vergleichen und darf A nur über B gegen C abwägen. Es ist die Hauptforderung jedes keimfreien Züchtungsversuches nicht erfüllt, die darin besteht, daß die Kontrollen sich bei Gegenwart von Bakterien unter sonst identischen Versuchsbedingungen zu normalen Individuen entwickeln.

Ich mußte, wie oben ausgeführt, nach den absoluten Gewichtsverhältnissen Versuch II und III als gegen die Bedeutung der Darmbakterien sprechend bezeichnen. Wie steht es damit, wenn ich die Durchschnittsgewichtsschwankungen berücksichtige? Bei II wiegt A um 21 g mehr als B, ein Mehrgewicht, daß man bei 5,12 g Durchschnittsdifferenz bei den Gruppen von A (in I—VIII) und 20,25 g bei B noch in die Fehlergrenze rechnen muß. In Versuch III hat A gar nur 5 g Plus gegen B und dieses als einzige Ausnahme in den 8 Versuchen höheres Gewicht als C. Hier wäre demnach die Sterilisation des Futters und der eingeengte Aufzuchtraum allein für die Tiere von Vorteil gewesen, denn Bakterien sind ja bei B und C vorhanden.

Ich bin mir der mancherlei Fehlerquellen bei derartigen Gewichtsvergleichen wohl bewußt; sie sind aber ebenso gerechtfertigt wie Cohendys Berechnungen, die unmöglich einwandsfrei genannt werden können, solange die Gruppen so klein, die Versuchsdauer so verschieden und nur Endgewichte, keine Anfangsgewichte und keine kurvenmäßige Gewichtstabelle vorliegen.

Es ist mit den Gewichten tatsächlich sachlich nichts oder wenig anzufangen und es bliebe nur die klinische Bewertung übrig. Sieht man darauf die Versuchsprotokolle durch, so lassen sie ebenfalls mangels zahlenmäßiger Feststellungen keinen einwandsfreien Schluß zu und man kann daher nur behaupten, daß die Cohendyschen Versuche die Lösung der Frage des keimfreien Lebens wesentlich gefördert, aber die Lösung selbst nicht herbeigeführt haben.

Ehe ich meine eigenen Versuche über keimfreie Züchtung beschreibe, müssen hier noch zuvor die umfangreichen Experimente von Kianizin Erwähnung finden; dieser Autor arbeitete zwar nicht an keimfreien, sondern an keimhaltigen erwachsenen Tieren, aber unter aseptischen Lebensbedingungen. Hierbei erhob er sehr auffallende Befunde. Soweit ich die Literatur überschaue, sind dieselben bisher von keiner Seite nachgeprüft worden, ja sie werden nicht einmal erwähnt. Diese Tatsache muß um so mehr befremden, als die Versuchsreihen von Kianizin so groß und seine mit Zahlenangaben belegten Befunde so einheitlich sind, daß ohne Nachprüfung ein

Zweifel an ihrer Richtigkeit nicht berechtigt erscheint, wenn man auch über ihre wissenschaftliche Deutung anderer Meinung sein kann.

Die Anordnung der Versuche Kianizins, welche sich über 17 Jahre, von 1894—1911 erstreckten, war folgende: Das Versuchstier sitzt in einer etwa 60 Liter fassenden Glasglocke auf einem doppelten Drahtgitter, durch welches die Faeces aufgehalten werden, während der Harn in einen Trichter nach einem untergestellten Glasgefäß abfließt. An die Glocke ist ein Boden hermetisch angeschlossen und wird nur von einem Rohr für Atmungsluftzufuhr und einem zweiten für Atmungsluftabfuhr durchsetzt. Eine Wasserstrahlluftpumpe sorgt für ständige Ventilation, indem sie Luft durch die Glocke hindurchsaugt. Dabei hat die Luft folgenden Weg zurückzulegen. Der Eintritt erfolgt durch zwei hintereinander geschaltete Sandfilter, die auf 150—360° erhitzt werden; darauf durchströmt sie ein doppeltes steriles Wattepolster, gelangt in eine mit keimfreier Nährbouillon gefüllte Waschflasche und von dieser in den eigentlichen Tierraum (die Glasglocke). Die Nährbouillon muß während der ganzen Versuchsdauer klar bleiben, zum Beweis, daß alle Luftkeime in den Sandbädern und Wattepolstern zurückgehalten wurden. Der Lufteintritt erfolgt in der Glocke direkt über dem Boden, das Abführungsrohr ist dagegen bis zur Glockendecke durchgeführt. Nach dem Passieren des Versuchsraumes wird die Luft in einer Gasuhr gemessen und fließt endlich durch die Saugpumpe ab. In dem Urinsammelgefäß befindet sich gesättigte Borsäurelösung, um die Zersetzung des Harns zu verhindern. Der ganze Apparat wird vor Beginn des Versuches sterilisiert. Die Versuchstiere (Hunde, Kaninchen, Meerschweinchen) werden vor dem Einsetzen zweimal mit Sublimatlösung, darauf mit destilliertem Wasser gründlich abgewaschen und mit keimfreien Handtüchern getrocknet. Hierdurch soll nach Möglichkeit eine Entfernung der anhaftenden Hautkeime erzielt werden. Das Futter wurde in hinreichender Menge, aber sterilisiert verabreicht; über die Art der Einführung ist keine Angabe gemacht. Einige Versuche wurden auch bei vollständigem Hungern der Tiere durchgeführt, um auch den Stoffwechsel unter Ausschluß der Verdauung beobachten zu können. Der Luftinhalt der Glocke wurde alle 25—50 Minuten erneuert; die Luftzufuhr reichte quantitativ aus, denn die Zahl der Atemzüge bei den Versuchstieren nahm während des Experimentes nicht zu, sondern schwankte in den normalen Grenzen. Die Versuchstiere zeigten sehr merkwürdige Erscheinungen. Die Mehrzahl starb $1^{1}/_{2}$ bis 5 Tage, nachdem sie in den Apparat verbracht waren. Andere gingen zugrunde 10 Minuten bis 24 Stunden, nachdem sie aus dem Apparat in natürliche Verhältnisse zurückgesetzt waren. Alle boten im Versuch schwere klinische Krankheitssymptome: Müdigkeit, Schwäche und Hinfälligkeit, so daß sie kaum auf den Beinen sich zu halten vermochten. Das Endgewicht der eingegangenen Tiere war höchstens 23,67 % niedriger als das Anfangsgewicht, wohingegen durch Verhungern verendete Tiere einen viel größeren Gewichtsverlust aufweisen; derselbe macht bei Meerschweinchen in durchschnittlich 7 Tagen, bei Kaninchen in durchschnittlich 10 Tagen und bei Hunden in drei Wochen 40—45 % des Anfangsgewichtes aus.

Kianizin stellte eine große Reihe von vergleichenden Stoffwechselversuchen bei seinen Tieren an, wobei er die für das Experiment bestimmte Nahrung zur Abgrenzung in den Fäkalien mit Saft von Vacc. myrtill. blau färbte. Als Kontrolle diente jeweils das gleiche Tier unter möglichst gleichen Bedingungen, aber in natürlicher keimhaltiger Umgebung. Die Stickstoffaufnahme bei allen Versuchstieren war vermindert. Die Kohlensäureausscheidung durch die Lungen meist erhöht, wiederholt jedoch nur in ganz geringen Mengen. Der Gesamtstickstoff des Harnes nahm beträchtlich zu, bestimmte er aber quantitativ das Verhältnis des ausgeschiedenen Gesamtharnstickstoffes zum Harnstoffstickstoff, so ergab sich bei Normaltieren ein Koeffizient von 100/90 bei Versuchstieren regelmäßig verkleinert bis zu 100/55 herab. Die Zunahme der Stickstoffausscheidung im Harn der Versuchstiere war auf Abscheidung unvollkommen abgebauter d. h. intermediärer Stoffwechselprodukte zu setzen; sie werden von Kianizin den Leukomainen zugerechnet.

Den Grund für die Anomalien des Stoffwechsels erblickt Kianizin in dem Fehlen der Bakterien in Luft und Nahrung, sowie in der Verminderung der Zahl der Darmbakterien. Die letzteren sollen die Verflüssigung und die Peptonisierung des Nahrungseiweißes und damit die Resorption des Stickstoffs direkt unterstützen. In betreff der verminderten Verbrennung stellt er die Behauptung auf, „daß außer dem Oxygen der Luft für das Leben und den normalen Stoffwechsel noch irgend welche Mikroorganismen der Luft notwendig sind, Mikroorganismen, die bei dem Gaswechsel in das Blut eindringen, von den Leukozyten verzehrt werden (weswegen sie auch im normalen Blut nicht gefunden werden), dann, nachdem sie von ihnen verdaut worden sind, Veranlassung zur Bildung eines oxydierenden Fermentes werden, ohne welches die normalen Prozesse der Oxydation im Organismus schnell abnehmen und durch die Bildung und Anhäufung einer großen Quantität unvollkommener, intermediärer Produkte des Stoffwechsels d. h. von Leukomainen ersetzt werden, was den Tod der Tiere herbeiführt.“ Eine äußere Ursache für den Tod der Tiere wie O-Mangel, CO oder NH_3-Gehalt der Luft, Nahrungsmangel, Sublimatvergiftung usw. konnte nicht aufgefunden werden. Auch der Schotteliusschen Schlußfolgerung, die den Tod von Steriltieren allein und ausreichend durch das Fehlen der Darmbakterien erklärt sehen will, glaubt Kianizin nicht beipflichten zu können, weil auch die Steriltiere bei ihrem Tode ein wesentlich höheres relatives Gewicht aufweisen als die gleiche Tierart bei reinem Hungertod.

Wenn ich die Befunde Kianizins bei dem Fehlen von Nachuntersuchungen als Tatsache hinnehme, kann ich mich doch seinen Erklärungsversuchen nicht anschließen. Mit der aseptischen Haltung seiner Versuchstiere ist die Verminderung der Darmbakterien keineswegs erwiesen, auch wenn Sucksdorff bei aseptischer Nahrung weniger Keime durch das Kulturverfahren in den Faeces von Versuchspersonen feststellte. Sehr viele Darmbakterien wachsen auf unseren üblichen Nährböden nicht. Die große Mehrzahl der Nahrungsbakterien stirbt auch unter normalen Verhältnissen im Magen und Dünndarm ab. Der Dickdarm hat eine seßhafte Flora, und eine bemerkbare Verminderung derselben könnte nur dann eintreten, wenn das Nährsubstrat, der Chymus selbst durch die Sterilisation der Nahrung eine wesentliche Veränderung erführe. Es erscheint zwar an sich nicht ausgeschlossen, daß der Körper auch in den toten Nahrungsbakterien sowie in den irgendwie von Leukocyten aufgenommenen Bakterien eine Fermentquelle besitzt, aber der Beweis, den Kianizin per exclusionem zu führen sucht, erscheint nicht erbracht; dagegen spricht sogar, daß bei Nutall und Thierfelder die Meerschweinchen 13 Tage, in meinen eigenen Versuchen Ziegen bis 35 Tage vollkommen keimfrei zu leben vermochten.

Eigene Untersuchungen.

Die letzten Versuche, welche Schottelius auf dem Hygienischen Institut der Universität Freiburg über die Gewinnung und Aufzucht keimfreier Hühnchen im Jahre 1908 anstellte, hatte ich als langjähriger Assistent von Schottelius in allen Einzelheiten verfolgen können. Auf Grund dieser persönlichen Kenntnisnahme kam ich zu der Überlegung, daß man durch diese Experimente an Hühnchen zwar einige allgemein biologische Fragen für diese Tiergattung entscheiden könne, daß aber die Tierspezies im speziellen und der gesamte Apparatenaufbau, sowie die notwendige komplizierte Versuchstechnik für eingehende bakteriologische, serologische, sowie für Stoffwechseluntersuchungen ungeeignet sei. Ich beschloß daher, die Ziege als Versuchstier zu wählen und den gesamten Aufzuchtapparat sowie die Versuchstechnik von vornherein so zu gestalten, daß alle in Frage kommenden Untersuchungen an dem gleichen Objekt durchgeführt werden könnten.

Für die Wahl der Ziege als Versuchstier waren verschiedene Gründe maßgebend. Es mußte ein Säugetier gewählt werden, weil bei der künstlichen Aufzucht von solchen am leichtesten den natürlichen nahekommende Ernährungsbedingungen geschaffen werden konnten.

Ich halte es für sehr wahrscheinlich, daß die negativen Resultate von Schottelius, die zweifelhaften Ergebnisse von Nutall und Thierfelder und die ungenügenden Erfolge von Cohendy in der Wahl der Versuchstiere und die dadurch bedingte Schwierigkeit für die Gewinnung und Zubereitung der ersten Nahrung begründet waren. Das eben dem Ei entschlüpfte Hühnchen ist für die Deckung seines ersten Nahrungsbedarfes sofort auf die Aufnahme und Verdauung vollkommen körperfremder — heterologer — Nahrungsmittel angewiesen. Unter natürlichen Verhältnissen besteht diese aus kleinsten Samenkörnchen, daneben aber auch (als wichtige Beigabe) aus Kerb- und Weichtieren. Schon bei der gluckenlosen, natürlichen Aufzucht in geschlossenen Räumen ist diesen Anforderungen an die Ernährung (durch Beigabe von Ameisenpuppen, Maden usw. zu den Pflanzensamen) nur schwer zu genügen und entsprechend bleiben auch die Kücken in lebenskräftiger Entwicklung gegenüber Normaltieren vielfach zurück. Bei der künstlichen, keimfreien Aufzucht in Apparaten sind die äußeren Lebensbedingungen so verschlechtert, die Nahrung selbst muß auch bei wohlüberlegter und geeigneter Zusammensetzung (Cohendy) durch die Sterilisation so stark verändert werden, daß eine Verminderung der Lebenskraft als notwendige Folge erscheint.

Für neugeborene Meerschweinchen ist die erste Nahrung in der Milch des Muttertieres zwar gegeben, aber es besteht praktisch keine Möglichkeit, diese in ausreichender Menge zu gewinnen und in sterilisiertem Zustande an die keimfreien Jungen zu verabfolgen. Nutall und Thierfelder waren infolgedessen gezwungen, als Ersatz Kuhmilch zu wählen, die in ihrer Zusammensetzung von der Meerschweinchenmilch sicherlich weitgehend abweicht.

Den erwähnten Schwierigkeiten ist man bei der Wahl der Ziege als Versuchstier sofort enthoben, ja, bei glücklichem Verlauf der Sectio caesarea kann man sogar die Milch eines operierten Muttertieres zur keimfreien Aufzucht der Jungen verwenden und hat dabei noch den Vorteil, daß dem heranwachsenden Jungen die von Tag zu Tag sich in gesetzmäßiger Weise verändernde Zusammensetzung der Muttermilch wie unter natürlichen Verhältnissen zugute kommt.

Junge Ziegen besitzen erfahrungsgemäß eine große Lebensenergie und lassen sich leicht mit der Flasche aufziehen. Sie werden sehr schnell zahm, kennen bald ihren Pfleger und sind infolgedessen verhältnismäßig leicht zu behandeln. Sie nehmen die Flasche auch dann noch an, wenn sie bereits zur selbständigen Futteraufnahme übergegangen sind. Dieser Umstand kommt uns sehr zu statten bei der Ausführung von Stoffwechselversuchen, bei denen es sich um die vollständige Aufnahme bestimmter Nahrungsmengen handelt. Ziegenlämmer sind weiterhin, wie alle Flaschentiere, in der Zusammensetzung der Nahrung gar nicht wählerisch, so daß es leicht fällt, verschiedenartige Nahrung einzuführen. Die Ziegen sind sehr gute Futterverwerter, d. h. sie vermögen bei gleichem Calorienwert des Futters wesentlich höhere Leistungen (Fleisch, Milch Arbeit) hervorzubringen als eine Reihe anderer Säugetiere (Hunde, Kaninchen, Meerschweinchen). Es müssen daher in der Ziege sehr energische Verdauungskräfte vorhanden sein. Diese Voraussetzung macht die Ziege zu einem außerordentlich geeigneten Versuchstier für keimfreie Züchtungsversuche: wird die normale Verdauung nur durch das Vorhandensein und die Mitwirkung von Darmbakterien unterhalten, so muß der Wegfall der Bakterienflora einen deutlichen Ausfall erkennen lassen; genügen aber die Darmsäfte allein zur Verdauungsarbeit, so sind diese bei der Ziege besonders wirksam. Die Körpergröße der Ziege bringt zwar für die Technik des Versuches gewisse Schwierigkeiten mit sich, bietet aber auch wieder den großen Vorteil, daß eingehende quantitative Untersuchungen, Stoffwechselbestimmungen, klinische Messungen, chirurgische Eingriffe usw. ausgeführt werden können.

Grundbedingung für die Möglichkeit der Durchführung des ganzen keimfreien Züchtungsversuches war natürlich die Gewinnung eines lebenden keimfreien Ziegenlammes. Über die Technik der Sectio caesarea bei einer graviden Ziege fanden sich in der veterinärmedizinischen Literatur keinerlei Angaben vor.

Ich mußte mir daher unter Benutzung der bei Menschen und auch bei größeren Haustieren (Kühen) geübten Methoden eine für unsere Absicht besonders geeignete Technik ausarbeiten. Es galt dabei folgende Hauptforderungen zu erfüllen: das Junge mußte vollkommen keimfrei in kürzester Zeit lebend entwickelt werden und die Operation durfte für das Muttertier keinen dauernden Schaden hinterlassen. Bei diesen rein operativen Experimenten erfreute ich mich der liebenswürdigen Unterstützung der Herren Professor Dr. Gauß und Privatdozent Dr. Schlimpert von der Gynäkologischen Klinik Freiburg i. Br. Was zunächst die Bestimmung des Zeitpunktes der Operation anbetraf, so bot die Verwendung der Ziege insofern günstige Verhältnisse, als die Trächtigkeitsdauer bei diesem Tiere nur zwischen 146 und

158 Tagen schwankt. Wir operierten entsprechend 8 Tage vor Ablauf der mittleren Trächtigkeitsdauer, um ein möglichst lebenskräftiges Jungtier zu erhalten. An diesem Termin war der Wurf stets schon beträchtlich angeschwollen und das Euter prall gespannt. Das Junge läßt sich bei der trächtigen Ziege verhältnismäßig leicht abtasten und bei einseitiger Schwangerschaft die gravide Seite mit ziemlicher Sicherheit feststellen. Bei meinen ersten Experimenten wählte ich stets Erstlingsziegen, weil ich bei diesen aus Analogieschlüssen von Menschen zu der Annahme berechtigt war, daß das Orificium bis zum Einsetzen der eigentlichen Geburt fest, d. h. bakteriendicht geschlossen war. Später habe ich auch eine Ziege, die zum dritten Male trächtig war, verwandt, ohne daß daran der Versuch scheiterte.

Um die subtile, aseptische Operationstechnik nicht zu gefährden, war eine dauernde tiefe Narkose während der Operation nicht zu vermeiden. Ziegen sind gegen Narkotica und im speziellen gegen Chloroform außerordentlich empfindlich; mit geringen Dosen erreicht man eine tiefe Narkose, aber leider wirkt das Betäubungsmittel auch sehr stark auf das Junge ein (vergl. Fall 2).

Man ist daher genötigt, bei der Narkose sehr vorsichtig zu sein und nur die kleinste Dosis zu verabfolgen, die eben noch zur vollständigen Entspannung führt. Am zweckmäßigsten erwies sich uns die Chloroform-Äther-Narkose mit dem Braunschen Apparat, wie er zur Narkose des Menschen Verwendung findet. Seine Respirationsmaske ist allerdings für die Ziege zu groß, aber ich glaube, daß gerade das Einströmen von reichlich Nebenluft bei der großen Empfindlichkeit der Ziege vorteilhaft ist. Unter ständiger Kontrolle des Pulses gaben wir zunächst soviel Chloroform-Luftgemisch, bis der Corneal-Reflex erlosch, darauf Chloroform und Äther zu gleichen Teilen, bis Entspannung eintrat und verabfolgten dann nach Möglichkeit nur noch Äther-Luftgemisch; nur wenn die Narkose zu flach zu werden drohte, wurde wieder Chloroform auf kurze Zeit beigegeben.

Da eine primäre Heilung der Laparatomiewunde unbedingt erstrebt werden mußte, konnte nach praktischen Überlegungen in der linea alba nicht eingegangen werden. Wir wählten daher die Flanke als Operationsfeld. Die Vorbereitung desselben geschah wie folgt: Am Tage vor der Operation wurde die Operationsseite in weitem Umkreis geschoren und sorgfältig rasiert. Das ganze Tier wurde mit lauwarmer 2%iger Lysollösung und dann mit warmem Wasser gewaschen, gut abgetrocknet und bis zur Operation in einem Stand mit frischer hoher Streu gehalten. Die Operationsstelle wurde, ebenfalls noch am Tage vorher, nach der Liermannschen Bolus-Methode gründlich desinfiziert: intensive Abreibung mit Bolusseife und wenig heißem Wasser, Abreiben mit sterilem Handtuch und Auftragen einer dicken Schicht von steriler Boluspaste unter Verwendung von 96%igem Alkohol. Diese Methode fand Verwendung, weil sie uns bei zufällig in derselben Zeit angestellten Desinfektionsversuchen sehr gute Resultate geliefert hatte.

Am folgenden Tag unmittelbar vor der Operation wurde die ganze Desinfektion wiederholt, und auch die Operateure desinfizierten sich nach der Liermannschen Bolus-Methode. Als Operationstisch diente ein Impftisch zur Vaccinierung von Kälbern; er erwies sich als sehr zweckmäßig.

Eine orientierende erste Operation im Frühjahr 1911 sollte feststellen, ob es gelingt, durch Sectio caesarea in der Flanke ein Ziegenlamm lebenskräftig zu gewinnen und mit vollkommen sterilisierter Nahrung, aber in natürlicher Umgebung, aufzuziehen.

Nach der oben beschriebenen Methode wurde in der Flanke, von dem Höcker der Darmbeinschaufel beginnend, schräg nach unten und vorn, etwa senkrecht auf die falschen Rippen ein ungefähr 12 cm langer Schnitt durch die Haut geführt. Fascien und Muskulatur wurden kreuzweise, letztere dem Faserzug der einzelnen Muskellagen entsprechend, durchtrennt, die in das Operationsfeld fallenden Nerven durchschnitten. Nach Durchtrennung des Peritoneums, Eingehen mit der Hand und Hervorziehen des graviden Uterushornes, welches an den etwa kastaniengroßen Kotyledonen leicht zu erkennen ist; Eröffnung des Uterus an der gerade obenliegenden Wand durch 10—15 cm langen Schnitt zwischen den Kotyledonen. Der entwickelte Föt war in diesem Falle und auch später bei möglichster Einschränkung der Operationsdauer stets asphyktisch. Die Placentarlösung erfolgte sofort; sie bietet gewisse Schwierigkeiten, insofern als bei der manuellen Lösung der zahlreichen Kotyledonen leicht profuse Blutungen einsetzen. Der Uterus wurde durch enggelegte Knopfnähte gut verschlossen, die Wunde mit Peritoneum überkleidet, darauf das Peritoneum des Flankenschnitts mit Catgutnaht, die Wunde selbst in Etagen mit drei Catgutknopfnähten und die Haut mit Seidennaht vereinigt. Die Wundversorgung erfolgte durch Aufstreichen einer Airolpaste und Bedecken mit Gaze und Heftpflasterstreifen. Die ganze Operation dauerte 43 Minuten. Das Muttertier war nach dem Erwachen aus der Narkose sehr schlaff; da auch der Puls zu wünschen übrig ließ, wurde alsbald per os $1/4$ Liter starken schwarzen Kaffees und außerdem ein Klysma von Kaffee, Rotwein und Kognak verabfolgt. Die Behandlung wirkte prompt, so daß das Tier schon nach 4 Stunden sich erhob und spontan Wasser zu sich nahm. Es wurde über Nacht noch im geheizten Zimmer gehalten, am anderen Tag in den Stall geführt und wie vorher weiter gefüttert. Absatz von Harn und Faeces erfolgten normal und spontan. Das Anmelken am Tag nach der Operation gelang nicht, doch konnten am zweiten Tag etwa 5 ccm Colostralmilch abgemolken werden. Die Erfahrungen der späteren Operationen berechtigen uns zu dem Schluß, daß wir in diesem ersten Falle etwa 4 Tage vor dem normalen Ende der Gravidität operiert hatten, denn die Milchsekretion setzt nicht mit der Entleerung des Uterus, sondern mit dem Ende der Gravidität ein.

Abgang von Lochien erfolgte vom dritten Tage nach der Operation an. Wir hatten dies nicht anders erwartet, da das Orificium bei der Eröffnung des Uterus sich noch als vollkommen geschlossen erwiesen hatte. Die Milch des Muttertieres war bis zum fünften Tage so stark colostrumhaltig, daß sie beim Kochen Gerinnung zeigte. Da wir das Junge nur mit sterilisierter Milch fütterten, so konnte entsprechend erst vom fünften Tage ab die Ernährung mit Muttermilch einsetzen, wurde von da ab aber streng durchgeführt. Die Heilung der Wunde erfolgte per primam.

Das asphyktisch geborene vollentwickelte Junge konnte durch Herzmassage bald zu regelmäßigem Atmen gebracht werden. Weil wir, mit Rücksicht auf die sterile

Ernährung, Colostrummilch nicht füttern konnten, so gaben wir 4 Stunden post partum zur Lösung des Meconiums Milchzuckerwasser. Es wurde gierig aufgenommen und wirkte auch wie gewünscht, da aber zwei Tage lang anhaltende Durchfälle die

Fig. 2. Das durch Kaiserschnitt gewonnene Ziegenlamm am Tage nach der Operation.
Gewicht: 2125 g.

Folge waren, so ließen wir bei späteren Versuchen das Zuckerwasser weg und reichten nach 12 Stunden als erste Nahrung sofort sterilisierte Milch.

Die Fütterung und Gewichtszunahme des Jungtieres ist aus beifolgender Gewichtstabelle ersichtlich. Hier sei über die Erfahrungen der Aufzucht nur weniges

Gewichts- und Fütterungstabelle von Ziegenlamm Nr. 1.

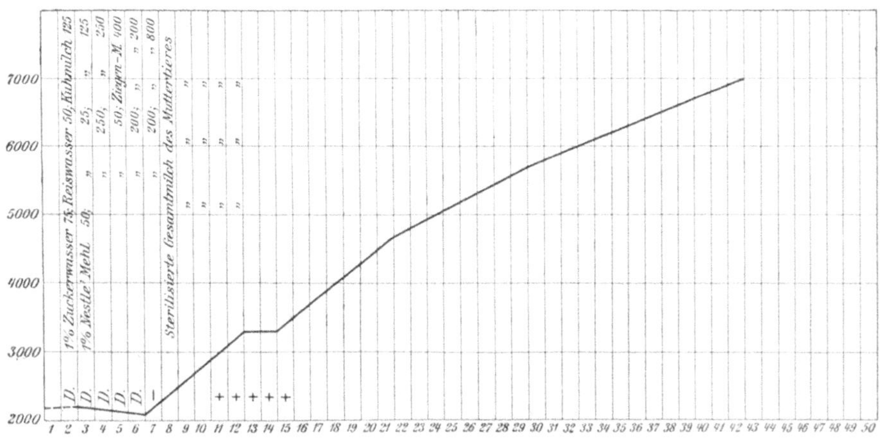

D = Durchfall.
+ = Gelenkschwellung.

noch besonders hervorgehoben. Der anfänglich bestehende Durchfall war zweifellos eine Folge der Fütterung von Milchzuckerwasser. Er brachte eine Schädigung der Ernährung und der Gewichtszunahme zuwege, die aber bald überwunden wurde. Die Gelenkschwellung, welche am 11. Tage einsetzte und Hinken verursachte, ist wohl als rheumatische Erscheinung aufzufassen, denn sie heilte unter spirituöser Einreibung ohne Diätwechsel in wenigen Tagen ab[1]); wäre sie durch die Fütterung von steriler Milch bedingt gewesen, etwa entsprechend den Barlowschen Krankheitserscheinungen bei Säuglingen, so hätte nur eine Änderung der Ernährung Hilfe bringen können. Das Junge erhielt während der ersten sechs Lebenswochen nur sterilisierte Nahrung und wurde sonst unter normalen Aufzuchtbedingungen gehalten, d. h. es blieb, wenn immer es die Witterung gestattete, frei im Garten. Wie aus der Vergleichstabelle Seite 76 ersichtlich, ist die Entwicklung dieses ersten Versuchstieres von der eines Normaltieres nicht verschieden und wir waren also zu der Annahme berechtigt, daß ein durch Kaiserschnitt gewonnenes Ziegenlamm bei sterilisierter Nahrung sich sehr wohl entwickeln kann. Damit waren die notwendigen Vorbedingungen für einen keimfreien Züchtungsversuch erfüllt. Gerade auf den sehr wichtigen Punkt der ungestörten Entwicklung von Kontrolltieren ist in allen bisherigen Arbeiten, wie aus der Einleitung ersichtlich, nicht die erforderliche Rücksicht genommen worden.

Es galt nun einen geeigneten Aufzuchtapparat zu konstruieren. Die von anderen Forschern benützten waren nach Größe und Einrichtung für unsere Zwecke nicht brauchbar, aber es konnten natürlich aus früheren Konstruktionen mancherlei Lehren gezogen werden.

Abgesehen von der Größe und vollkommenen Sterilisierbarkeit des Aufzuchtraumes, erschien es uns notwendig, für eine beliebig regulierbare Durchlüftung mit bakterienfreier Luft, für dauernde Zufuhr von sterilisierter Nahrung, für leichte und sofortige Entfernung der Exkremente und für jederzeitige Arbeitsmöglichkeit des Experimentators in dem keimfreien Raum Sorge zu tragen.

Da von seiten ortsansässiger Firmen — und nur um eine solche konnte es sich bei dem Neubau handeln — übermäßig hohe Forderungen gestellt wurden und zudem von dem Institutsvorstand Geld für diese Versuche, deren Erfolg nach den Erfahrungen von Schottelius sehr zweifelhaft erscheinen mußten, nicht zur Verfügung gestellt werden konnte, so machte ich mich zusammen mit dem mechanisch vorzüglich ausgebildeten Institutsdiener Meier daran, in der kleinen Institutswerkstatt den Bau selbst auszuführen. Aus T-Eisen, Eisenblech und Glas wurde der Aufenthaltsraum für das Ziegenlamm verfertigt. Die Maße der Bodenfläche betrugen 60 : 120 cm und wurden durch den Umstand diktiert, daß ich von der Mitte der Seitenwand aus jede Stelle des Bodens mit ausgestrecktem Arm wollte erreichen können. Die beiden Seitenwände wurden verglast und 15 cm vom Boden, 25 cm voneinander entfernt, zwei kreisförmige Öffnungen von 20 cm Durchmesser zum gleichzeitigen Durchfassen mit beiden Armen ausgespart. Die beiden Stirnwände, die Decke und der steiltrichterförmig vertiefte Boden bestanden aus Eisenblech. Der Bodenbelag wurde aus drei leicht herausnehmbaren Lattenrosten hergestellt; die einzelnen Holzstäbe des letzteren standen 2 mm voneinander ab und waren nach unten keilförmig verjüngt. Die Faeces sollten auf dem Rost verbleiben und mechanisch bei der täglichen Stallreinigung entfernt werden, während der Harn nach unten abfloß. Da

---

[1]) Sie könnte allerdings auch noch als Nachwirkung der früheren Kuhmilchfütterung ausgelegt werden.

nach Nutall und Thierfelder eine besondere Gefahr für die in einem allseits geschlossenen Raume befindlichen keimfreien Tiere darin besteht, daß sie durch Kon-
denswasser leicht feucht werden und dann an ständigem Wärmeverlust schließlich
zugrunde gehen, so mußte eine Verdunstung des Harnes aus dem Bodenauffang-
trichter verhütet werden. Wir erzielten dies auf einfache Weise durch Anfügen eines
Paraffinölsyphonverschlusses. In die beiden Einfaßöffnungen der Seitenwände wurden
bis zur Schulter reichende Gummihandschuhe keimdicht eingelassen. Diese müssen
aus einem besonders haltbaren Paragummi hergestellt sein, da sie während des Versuches durch häufige starke Dehnung und ebenso durch die Einwirkung verschieden-
artiger Lösungen (Formalindampf, 2%ige Lysollösung, Sublimat und Wasserstoffsuperoxydlösung) beträchtlich angegriffen werden. Da der gesamte Versuchsraum, wie ich
später noch ausführen werde, ständig unter einem Luftüberdruck von 15—25 cm
Wasser stehen muß, war es nicht zu umgehen, die Handschuhe vor der ständigen
Dehnung durch den Luftdruck dadurch zu schützen, daß man im Innern des Kastens
vor der Handschuhöffnung eine luftdichtschließende Eisenblechklappe anbrachte,
welche man beim Eingehen in den Handschuh öffnen, beim Herausgehen schließen
konnte. Gleichzeitig wurde hierdurch auch verhütet, daß das Versuchstier die Handschuhe durch Verbiß zerstörte. Die Versuchstiere neigen nämlich aus Langeweile
dazu, an allen erreichbaren Gegenständen dauernd zu knabbern, ein Umstand, auf
den man während des Versuches besondere Rücksicht nehmen muß. Der lange
Gummihandschuh besitzt ein beträchtliches Eigengewicht und bei freiem Herabhängen,
außerhalb der Benützungszeit, würde der Gummi an dem Einspannring sehr bald
durchbrechen; er wird deshalb jedesmal nach Benützung aufgerollt und durch eine
von außen luftdicht schließende Klappe gehalten. Trotz aller Vorsicht darf die
Lebensdauer eines Gummihandschuhes im Gebrauch nicht über 12 Wochen (2 Versuche) veranschlagt werden und bei ihrem hohen Preise (42 Mk. pro Paar) entstehen
hierdurch beträchtliche Unkosten. Durch Zufall, wenn z. B. beim Füttern des Tieres
eine Milchflasche in der Hand zerbricht, kann natürlich leicht eine Verletzung des
Handschuhes und damit eine Gefährdung der Keimfreiheit des ganzen Versuches eintreten. Wir haben diese Gefahr bisher dadurch vermeiden können, daß wir in die
Handschuhe nur mit desinfizierten Händen eingingen und, sobald ein Riß erfolgte,
den Handschuh zurückzogen und die innere Klappe schlossen. Das Handschuhinnere
wird darauf durch den Riß von außen her mit Sublimatlösung gefüllt, der Riß ge-
flickt und darauf der Handschuh wieder in Gebrauch genommen.

Der trichterförmige Boden des Versuchsraumes ist durch eine Gummidichtung
und Verschraubung an das Oberteil angeschlossen, d. h. abnehmbar, so daß leicht
eine gründliche Reinigung und mechanische Desinfektion des Innenraumes vorgenommen werden kann. Ist der Apparat zum Versuch fertig vorgerichtet, so erfolgt
der Zugang zum Versuchsraum durch einen Vorraum. Dieser ist nach Art eines
Dampfdesinfektionsapparates in die eine Stirnwand des Zuchtraumes eingebaut und
besitzt entsprechend eine nach außen und eine zweite nach dem Innern sich öffnende
keimdicht verschraubbare Klapptür. In dem Vorraum befindet sich eine elektrische
Heizplatte; an der Decke ist ein Thermometer, ein Manometer und ein Sicherheits-

ventil angebracht. Durch diesen Vorraum können jederzeit, ohne die Keimfreiheit des Aufzuchtraumes zu gefährden, keimfreie Nahrung in das Innere und ebenso zu entfernende Gegenstände nach außen verbracht werden. Das Einbringen geschieht in folgender Weise: Die innere Klapptür ist geschlossen; die sterilisierten Soxhletflaschen mit Milch werden ohne weiteres, andere Gegenstände wie Handtücher, Instrumente und dergl. in Rexgläsern vorsterilisiert, in einem Topf mit Wasser in den Vorraum gestellt, die äußere Klapptür verschlossen, verschraubt und nun durch Einschalten der elektrischen Heizplatte der Vorraum unter Kontrolle von Druck und Temperatur im Dampfstrom sterilisiert. Nach Beendigung der Sterilisation und Ab

Fig. 3. Blick in den Vorraum des Aufzuchtapparates.
Rechts die Zuleitungsschnüre der elektrischen Heizung; mittels Gummischlauchs
ist von unten ein Formalindesinfektionsapparat angeschlossen.

kühlung des Inhaltes wird in die Handschuhe eingegangen und vom Kasteninnern aus die innere Klapptür geöffnet, die Nahrung usw. hereingenommen, entbehrliche Gegenstände in den Vorraum befördert und die innere Klapptür wieder keimdicht geschlossen. Keimfreie Bedienung und keimfreie Versorgung des Innenraumes sind auf diese Weise gesichert.

Es blieb noch die gesicherte keimfreie Einbringung des Versuchstieres und dessen Versorgung mit hinreichend keimfreier Atemluft zu ermöglichen. Beide Fragen hängen insofern miteinander zusammen, als sich herausstellte, daß nur bei reichlichem Luft

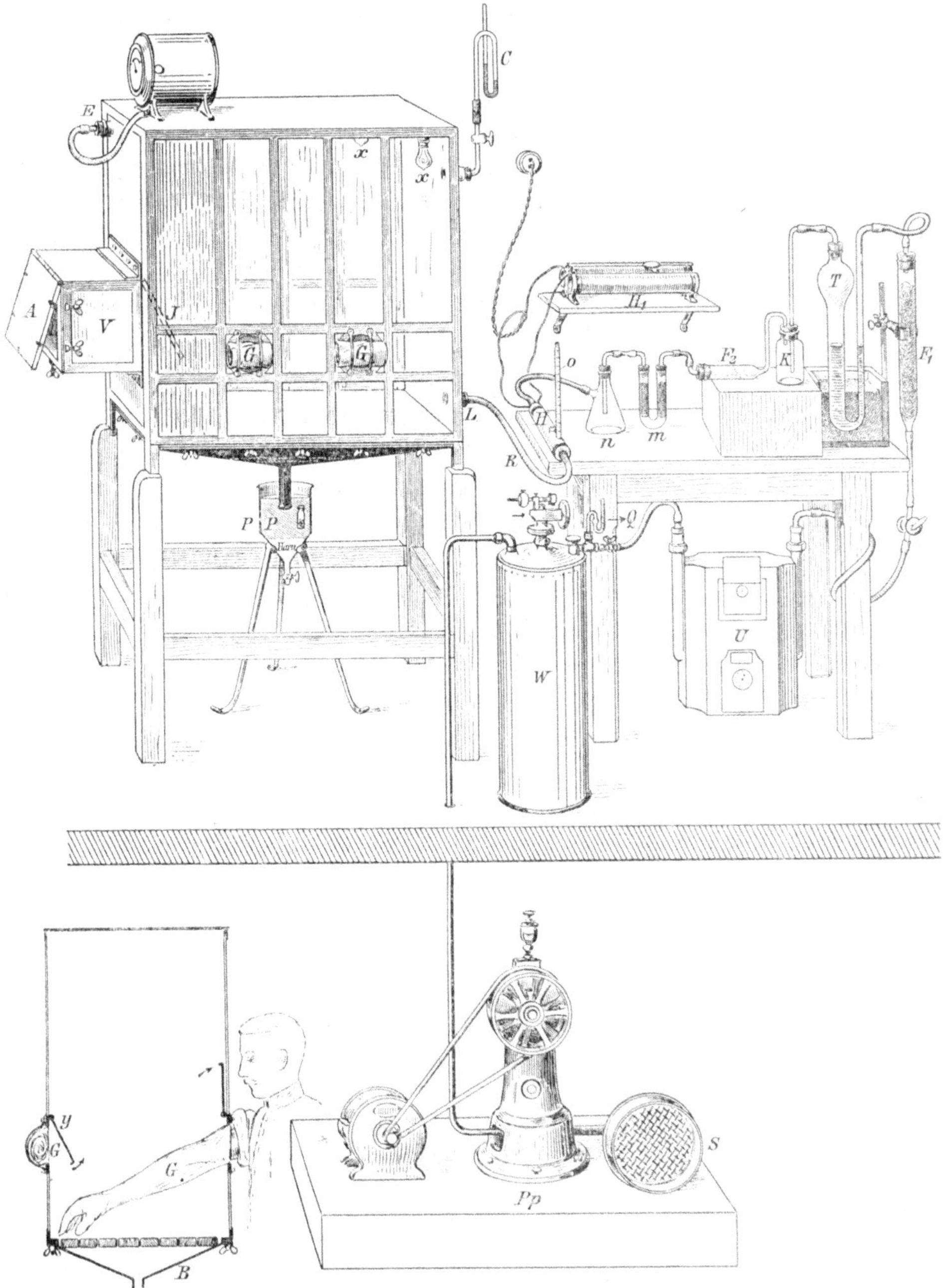

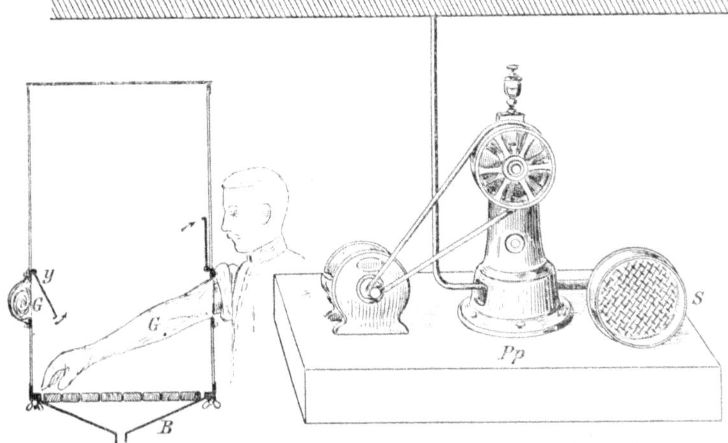

Fig. 4. Schema des Aufzuchtapparates für keimfreie Ziegen.

A. Außentür des Vorraumes.
B. Vertiefter Boden des Versuchsraumes.
C. Manometer für den Überdruck im Versuchsraume.
D. Sicherheitsventil des Windkessels.
E. Ausströmungsstelle der sterilen Atemluft.
F. Steriles Wattefilter.
G. Gummihandschuhe.
H. Elektrische Heizröhre. H Regulierwiderstand derselben.
I. Innentür des Vorraumes.
K. Gefäß zum Abfangen verspritzter Schwefelsäure.
L. Einströmungsstelle der sterilen Luft.
M. Röhre mit Kali caust. zum Abfangen von Schwefelsäurespray.

N. Schutzvorlage für die elektrische Heizröhre.
O. Thermometer für die Temperatur der sterilen Luft.
P. Paraffinöl-Syphonverschluß.
Q. Manometer des Windkessels.
R. Zuleitungsröhre für die sterile Luft.
S. Ansaugventil und steriles Wattefilter.
T. Schwefelsäuregefäß zum Trocknen der Luft.
U. Gasuhr.
V. Vorraum.
W. Windkessel.
X. Elektrische Beleuchtung des Versuchsraumes.
Y. Eisenblechklappen zum Schutze der Handschuhe.

strom das Junge ohne Infektion des Innenraumes in den Kasten eingeführt werden konnte. Die Förderung der Luft geschah durch eine Kompressorpumpe, welche durch einen ¹/₂ PS-Motor in Gang gesetzt wurde und imstande war, pro Stunde 15 cbm Luft bei einem Gegendruck bis zu 20 Atm. zu liefern. Für gewöhnlich wurde sie so eingestellt, daß sie 1,5 cbm Luft mit einem Überdruck von ¹/₂ Atm. pumpte. Die Keimfreiheit der Luft wird wie folgt erzielt: vor das Ansaugventil der Pumpe ist ein 40 cm im Durchmesser haltendes Wattefilter angebracht, das allen groben Staub zurückhält. Nach Passieren der Pumpe gelangt die Luft in einen Windkessel, dessen Ventil auf eine halbe Atmosphäre eingestellt ist, hierauf durch eine Gasuhr und dann in die eigentliche Sterilisationsvorrichtung. Diese besteht 1. aus einem in ein Glasrohr von 6 cm Durchmesser eingestopften sterilen Wattepolster von 50 cm Länge. Nach dem Durchgang durch dieses Filter, welches einen nicht zu unterschätzenden Widerstand bildet, muß die Luft in kleinen Blasen in konzentrierter Schwefelsäure aufsteigen, durchströmt dann einen Turm, der mit Kali causticum in Stangenform gefüllt ist, darauf ein zweites Wattefilter von 30 cm Länge und endlich eine elektrische Heizröhre, die eine Erwärmung der Luft bis auf 180⁰ gestattet. Von dieser Heizröhre wird sie mit einem isolierten Bleirohr dem Versuchsraum zugeleitet und findet durch eine große Reihe feiner Öffnungen unter dem Lattenboden ihren Eintritt. Diese Sterilisationseinrichtung mag etwas übertrieben erscheinen, und man könnte vielleicht auch mit einfacheren Mitteln auskommen, es muß aber berücksichtigt werden, daß der Versuch ohne Unterbrechung mindestens 6 Wochen dauern soll und eine Ausbesserung der Luftzufuhr, während des Versuches, mit großen Schwierigkeiten und Gefahren für die Keimfreiheit verbunden ist. Weiterhin haben die einzelnen Einrichtungen bei der Luftsterilisation zum Teil noch ihre besondere Bedeutung. Beim feinblasigen Durcheilen der konzentrierten Schwefelsäure soll nicht nur die Keimfreimachung begünstigt, sondern gleichzeitig auch die Luft vollkommen getrocknet werden. Wir haben diese Trocknung soweit getrieben, daß eine Kondenswasserbildung im Aufzuchtraum niemals eintrat, das Versuchstier stets vollkommen trockenes Haarkleid zeigte und etwa verschüttete Flüssigkeit oder Harn, der auf dem Lattenbelag stehen blieb, in kürzester Zeit eintrocknete. Auch die Entwicklung einzelner in den Versuchsraum auf irgend eine Weise hineingelangter Keime erscheint in dieser trocknen Luft praktisch unmöglich; es bietet also die Trockenheit auch noch eine gewisse Sicherheit für die Erhaltung der Sterilität. Die elektrische Heizröhre unterstützt einerseits die Sterilisierung der Luft und gestattet andererseits Luft von erwünschter Temperatur zuzuführen. Sie diente uns als sehr brauchbare Luftheizung, nachdem die Erwärmung des Innenraumes mit automatisch regulierten Glühbirnen, die gleichzeitig auch der Beleuchtung dienten, als unzweckmäßig verworfen werden mußte. Die Regulierung der Luftheizung geschieht entweder durch Veränderung der Stromstärke in dem Heizkörper oder durch teilweise Entfernung der Asbestisolierwicklung an der Bleizuleitungsröhre. Die Heizung durch die Beleuchtungskörper war unmöglich, weil die Unruhe des heranwachsenden Lammes eine zeitweise Verdunkelung des Zuchtraumes erforderlich machte.

Die Einführung des durch Kaiserschnitt entwickelten keimfreien Lammes geschieht durch den Vorraum, dessen beide Türen für kurze Zeit gleichzeitig geöffnet werden müssen; damit nun hierbei und besonders bei dem Hineinreichen des Jungen keine Luftkeime der Außenluft miteingebracht werden, wird während dieser Zeit die Luftpumpe auf Höchstleistung eingestellt, so daß ein starker Luftstrom nach außen fließt.

Zur Vorbereitung des gesamten Versuches wird der Innenraum und der Vorraum zunächst energisch geschwefelt, zur Vernichtung von Hefen und Schimmelsporen; darauf wird mit 2%iger Lysollösung gründlich ausgespritzt und endlich von der Trichteröffnung aus eine intensive Formalindesinfektion vorgenommen. Die Luftzuleitung wird durch trockene Erhitzung, die notwendigen Schlauchverbindungen durch Einlegen

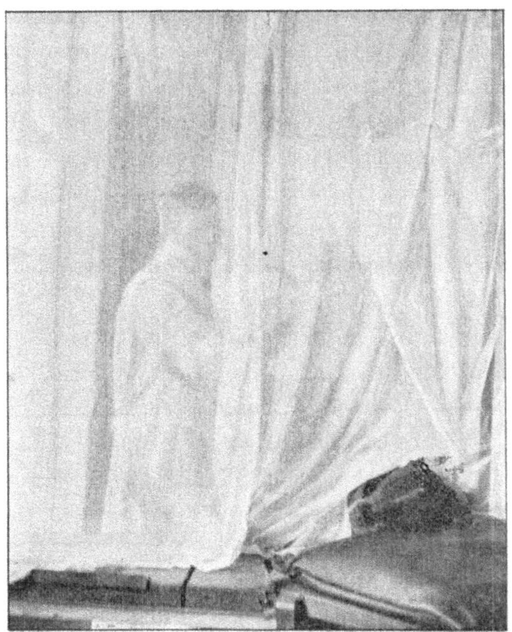

Fig. 5. Der Operateur in dem Gazezelt, welches zur Vermeidung von Luftkeimen an den Aufzuchtkasten angebaut wurde.

in 1%igen Sublimatspiritus keimfrei gemacht. Vor der Benutzung muß dann der Kasten noch einige Stunden mit keimfreier Luft durchspült werden, damit die Reste der verschiedenen Desinfektionsmittel entfernt werden. Der Abfluß der Luft erfolgt durch eine Röhre, die an der Decke des Versuchsraums der Einströmungsöffnung gegenüber angebracht ist. Diese mündet in einen Gasometer, so daß die austretende Luft ebenfalls gemessen wird und Undichtigkeiten im System durch Vergleich der Gasuhren leicht erkannt werden können.

Um das Auffallen von Luftkeimen auch während der Operation nach Möglichkeit zu verhindern, wird die Operation in einem Gazezelt ausgeführt, welches an den Versuchskasten so angebaut ist, daß der Vorraum in das Zelt hineinragt, vergl.

Abbildung Nr. 5. Außerdem wird das ganze Zimmer vorher mit Formalin desinfiziert und im Gazezelt, von der Hervorwälzung des Uterus ab bis zur Einführung des entwickelten Jungen in den Versuchsraum, Wasserstoffsuperoxyd verspritzt.

Besonders erwähnt sei noch, daß sich im Innenraum eine Federwage befindet, auf der täglich das Gewicht des Tieres festgestellt werden kann.

Die Nahrung wird an das Tier mit der Saugflasche verabfolgt. Das Junge nimmt schon nach etwa 4 Stunden die Flasche leicht an. Vor dem Füttern wird die Flasche in ein elektrisch geheiztes Wasserbad, welches Wasserstoffsuperoxyd als Flüssigkeit enthält, eingesetzt und unter Thermometerkontrolle bis auf 35° erwärmt.

Der Bau des Apparates nahm ungefähr ein Jahr in Anspruch, da mancherlei unerwartete Störungen auftraten. Von diesen möchte ich besonders hervorheben, daß es recht schwer ist, einen Raum von den angegebenen Größenverhältnissen (h = 120 cm), der notwendigerweise soviele verschraubbare Öffnungen aufweist, luftdicht zu verschließen. Alle Rahmen müssen aus starkem Eisen und genau plan gearbeitet sein, alle Flügelschrauben müssen gleichmäßig angezogen werden usw. Endlich sind auch die Anforderungen, die durch sechswöchiges ununterbrochenes Arbeiten an den kleinen Motor gestellt werden, nicht zu unterschätzen. Nur ein erstklassiges Fabrikat hält eine solche Anstrengung aus. Es müssen unbedingt langdauernde Vorproben angestellt werden, denn ein Versagen irgend eines Teiles während des Versuches macht die Mühe von Wochen zunichte.

Ich brachte als Vorversuch ein erwachsenes Kaninchen für 14 Tage in den Versuchsraum. Dasselbe machte zwar bald einen sehr deprimierten Eindruck, behielt aber sein Körpergewicht bei. Bei der Öffnung sprang es sofort aus dem Kasten und zeigte alsbald wieder seine frühere Munterkeit. Offenbar wirkt die Einsamkeit und das monotone Geräusch der Maschine auf erwachsene Tiere ungünstig ein, während ich bei jugendlichen Tieren, insbesondere den Ziegenlämmern, niemals eine Depression bemerken konnte.

Der ganze Apparat wurde innen und außen mit keimtötender Farbe (Vitralin von der Firma Rosenzweig & Baumann in Cassel) gestrichen. Der Anstrich hat sich sehr bewährt. Er bildet einen leuchtend weißen, spiegelglatten und sehr widerstandsfähigen Überzug, der durch keines der Desinfektionsmittel während des Versuches angegriffen wurde. In der keimtötenden Wirkung dieses Anstriches ist eine erwünschte Unterstützung der Asepsis zu erblicken.

Der erste Hauptversuch wurde am 11. 3. 12 unternommen. Die Ziege war doppelt gravide, ein Erstling, und wurde 8 Tage vor dem Ablauf der mittleren Trächtigkeitsdauer operiert.

Die Vorbereitung und Ausführung der Operation war wie oben beschrieben. Die Dauer betrug 45 Minuten. Von den scheintot entwickelten Jungen wurde das erste, 1640 g schwere, in den sterilen Raum verbracht, das zweite, 2000 g schwere, im Freien behandelt. Durch energische Herzmassage und künstliche Atmung konnten bei beiden zwar einzelne Atemzüge ausgelöst werden, aber sie sistierten alsbald wieder, so daß wir nach halbstündiger Bemühung die Hoffnung aufgeben mußten, die Tiere am Leben zu halten. Sie erwiesen sich als zu lebensschwach.

So peinlich dieser Mißerfolg auch war, so hatte er doch einen gewissen Wert für die Beurteilung der erzielten Asepsis. Das in den Aufzuchtraum verbrachte Junge erwies sich bei der nachfolgenden bakteriologischen Untersuchung als vollständig, äußerlich und innerlich, keimfrei. Es wurden in dem Versuchsraum Proben von der äußeren Decke (mit reichlich Haaren) an verschiedenen Körperstellen entnommen, ebenso Teile des Darmes herausgeschnitten in sterilen gut schließenden Glasgefäßen durch den Vorraum herausbefördert und aerob und anaerob auf den üblichen Nährböden sorgfältig untersucht. Alle Kulturen blieben steril. Weiterhin wurden Schalen mit Agar und Nährbouillon offen 10 Tage lang im Innern des Versuchsraumes aufgestellt, es trat kein Wachstum von Mikroorganismen auf. Eine Infektion des Innenraumes war also bei der Einführung des Lammes nicht aufgetreten. Ich ließ das tote Ziegenlamm 10 Tage in dem Apparat liegen und untersuchte es dann nochmals makroskopisch und bakteriologisch. Der Kadaver war äußerlich eingetrocknet, der Darm stellenweise erweicht. Kulturell konnte vollkommene Sterilität nachgewiesen werden. Von allen Organen wurden Teile für spätere vergleichende histologische Untersuchung eingelegt.

Das Muttertier hatte den Eingriff gut vertragen; es nahm am Tage nach der Operation wieder seine gewöhnliche Nahrung auf und war munter. Die Wunde heilte per primam. Trotz täglichen Versuchs des Anmelkens setzte aber die Milchsekretion erst am 10. Tage ein. Hieraus schließe ich, daß wir verhältnismäßig zu früh operiert hatten. Auf diesen Umstand führe ich wohl mit Recht auch die verderbliche Lebensschwäche der Lämmer zurück, die diesen Versuch scheitern ließ. Wenn man nicht selbst züchtet, ist man bezüglich der Trächtigkeitsdauer stets auf die häufig recht unsicheren Angaben der Züchter und Händler angewiesen.

Nachdem der Versuchsapparat wieder vorbereitet war, konnte am 21. 3. 12 eine dritte Ziege laparatomiert werden.

Die nach der Bolusmethode vorbereitete Ziege wurde im Gazezelt unter Äther-Chloroformnarkose operiert. Die Operation verlief in 45 Minuten wie erwünscht, und da doppelte Gravidität vorlag, wurde wiederum ein Lamm in den sterilen Raum verbracht, das zweite in einem gleichgroßen offenen Behälter in dem gleichen Zimmer gehalten. Die bei beiden Tieren anfänglich bestehende Asphyxie war leicht zu beheben und bald setzten normale Atemzüge ein. Das Muttertier war nach der Operation stark anämisch, erholte sich aber nach Beibringung eines Rotweinklysmas sehr rasch.

Die Temperatur des Aufzuchtraums wurde zunächst auf 40° C eingestellt und dann im Laufe der nächsten Stunden allmählich auf 25° herabgesetzt. Wir wählten diese hohe Anfangstemperatur, um die Trocknung des Jungen zu beschleunigen und auch mit Rücksicht auf den Umstand, daß wir dem Tier keine Unterlage geben konnten, um das Aufsammeln und die Entnahme der Faeces und des Urins nicht zu erschweren.

Die Versorgung des Apparates und der Versuchstiere erforderte einen solchen Aufwand von Arbeitskraft, wie wir es nicht für möglich gehalten hatten, und nur durch das einmütige Zusammenarbeiten des gesamten Personals des hygienischen Institutes war es möglich, die Arbeit zu bewältigen. Nunmehr verstand ich die Bemerkung von Nutall und Thierfelder, daß sie einmal ihre Versuche zur Züchtung keimfreier Meerschweinchen aufgeben mußten „wegen Erschöpfung der Experimentatoren".

Wir fütterten vom zweiten Tage des Versuches ab, tagsüber alle zwei Stunden; die erste Nahrung wurde morgens 6 Uhr, die letzte nachts 12 Uhr verabreicht, nur bei besonderem Hungergefühl des Versuchstieres, welches sich in Unruhe zu äußern pflegte, wurde ausnahmsweise auch während der Nacht gefüttert. Die ersten 10 Tage mußte ständig eine Wache bei dem Apparat bleiben, da bei der komplizierten Versorgung mit steriler Luft, der Heizeinrichtung usw. zunächst Störungen zu erwarten waren und auch tatsächlich wiederholt eintraten.

Fig. 6. Die Mutterziege, von der am 21. 3. 12 durch Sectio caesarea die beiden Versuchslämmer gewonnen wurden. In der rechten Flanke ist die Operationswunde sichtbar.

Die Fütterung des Jungen, das in der ersten Zeit natürlich noch sehr unbeholfen ist, erfordert eine gewisse Geschicklichkeit und viel Liebe zur Sache. Wir fütterten aus der gewöhnlichen Soxhletflasche, die mit einem Gummilutscher, wie er auch bei Säuglingen Verwendung findet, versehen war. Die Öffnung in der Spitze des Saugers muß der Saugkraft des Lammes angepaßt sein. Besonders störend ist eine zu kleine Öffnung, weil dann beim fortgesetzten Saugen sehr bald die Luft im Innern der Flasche so verdünnt wird, daß keine Milch mehr ausläuft. Im gewöhnlichen Leben hat dieser Umstand keinerlei Bedeutung, man setzt die Flasche ab und der Luftausgleich ist sofort wieder hergestellt. Bei dem schwierigen Arbeiten im Innern des Apparates, in dem alle Hantierungen mit dem verhältnismäßig dicken Gummihandschuh ausgeführt werden müssen, kann dadurch die Fütterung praktisch unmöglich werden. Eine gewisse Abhilfe kann nun durch Vergrößerung des Saugloches geschaffen werden. Aber hier ist auch sehr bald eine Grenze gezogen, denn ist die Öffnung des Saugers sehr weit, so läuft die Milch auch spontan beim umgestürzten Halten der Flasche aus, der Boden wird mit Milch verunreinigt und von einem Auffangen des Harns zur chemischen Untersuchung muß Abstand genommen werden. Wir haben uns zuletzt in der Weise geholfen, daß wir den Sauger dicht an dem Hals der Flasche mit einem halbmondförmigen Einschnitt versahen, der wie ein Ventil wirkte, wenn man ihn mit dem Finger leicht belastete.

Um die Verunreinigung des Bodens mit Nahrungsmitteln zu vermeiden, wurde vor dem Füttern auf dem Boden stets ein reines Tuch (breites Handtuch) ausgebreitet. Da an den Versuchsraum wohl ein Dampfsterilisator, aber kein Trockensterilisator angeschlossen war, so hatten wir zunächst nur durchfeuchtete, sterile Handtücher zur Verfügung, die man allenfalls durch luftiges Aufhängen im Versuchsraum trocknen kann. Sobald das Tier größer und lebhafter wird, ist ein Aufhängen von Tüchern aber unmöglich. Wir halfen uns jetzt in der Weise, daß wir die Handtücher (und ebenso alles, was trocken sterilisiert in den Innenraum gebracht werden sollte) in Rexgläsern — Deckel aufgesetzt, aber ohne Gummidichtung — bei 150° im Trockensterilisator erhitzten, dann den in Sublimatlösung entkeimten Gummiring rasch auflegten, den Deckel durch Aufsetzen der zugehörigen Metallfederung befestigten und nun das geschlossene Glas nach nochmaliger Dampfsterilisation im Vorraum in den Versuchsraum verbrachten. Wir hatten auf diese Weise vollständig trockene, sterile Tücher zur Verfügung. Der Dampfsterilisator des Apparates bedurfte bis zur Erreichung der Siedetemperatur etwa einer Zeit von einer Stunde, wurde dann $^1/_2$—$^3/_4$ Stunde im Kochen gehalten und brauchte darauf wiederum $^3/_4$ Stunden zur Abkühlung, ehe er von innen geöffnet werden durfte. Da wir während des Versuchs täglich frische Nahrung usw. ins Innere bringen mußten und alles vorsterilisiert wurde, so war dadurch schon eine Person vollständig in Anspruch genommen. Zum Füttern war gewöhnlich eine Assistenz nötig, die das zweite Handschuhpaar benützte und das Tier während der Prozedur festhielt.

Als Futter diente im Anfang nur Milch und zwar in Ermangelung von Ziegenmilch sterilisierte Kuhmilch. Um den Nährwert der Milch möglichst wenig zu schädigen, versuchte ich in einem Vorversuch Milch durch fraktionierte Sterilisation zu entkeimen. An 6 aufeinander folgenden Tagen wurden die mit Gummistopfen und Pergamentpapier verschlossenen Fläschchen $^1/_4$ Stunde lang auf 70° erhitzt, aber keine Keimfreiheit erzielt. Sodann kochte ich die Milch täglich $^1/_4$ Stunde im Wasserbad, aber erst bei fünfmaliger Wiederholung gelang es, eine Gruppe von 12 Fläschchen vollständig keimfrei zu machen. Das Vorhandensein widerstandsfähiger Mikroorganismen, besonders von Sporen, in der Milch ist vom Zufall abhängig und wie der weitere Verlauf dieses Versuches zeigt, hat man auch bei fünfmaligem Kochen noch keine Sicherheit für Keimfreiheit. Jedenfalls begnügten wir uns vorerst mit dieser Behandlung, weil uns die bakteriologische Kontrolle der Milch bis dahin stets Keimfreiheit ergeben hatte.

Nachdem die Milch des Muttertieres ihre Colostrumbeimengungen verloren hatte und durch Kochen sterilisierbar wurde, benützten wir nur noch die sterilisierte Milch des Muttertieres zur weiteren Ernährung. Dies hatte zwar einerseits den Vorteil, daß wir die idealste Nahrung, die überhaupt unter den gegebenen Umständen möglich war, dem Jungen verabreichen konnten (zumal bekanntlich die Zusammensetzung der

Ziegenmilch während der Lactationsperiode sich beträchtlich und offenbar jeweils dem physiologischen Ernährungsbedürfnis des Jungen entsprechend ändert), anderseits aber den Nachteil, daß wir sehr bald mit der vollen Milchsterilisation ins Gedränge ge-

Gewichts- und Fütterungstabelle von Ziegenlamm Nr. V.

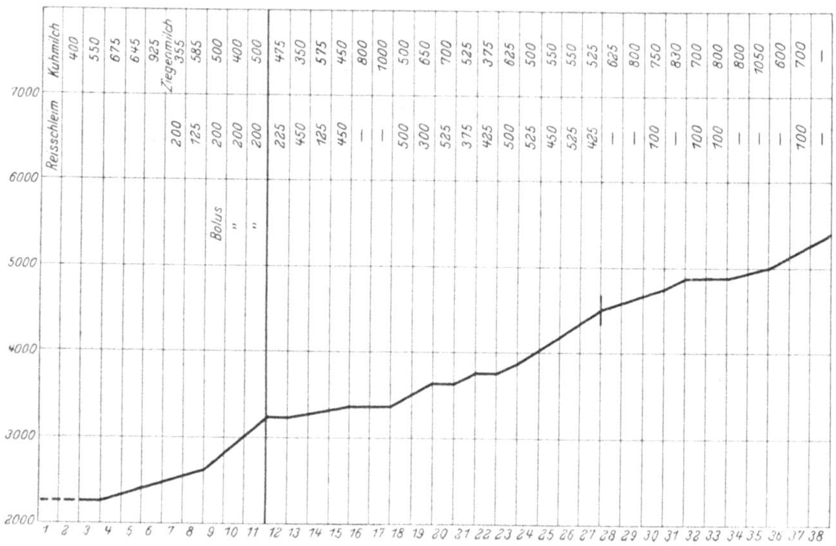

Gewichts- und Fütterungstabelle von Ziegenlamm Nr. IV.

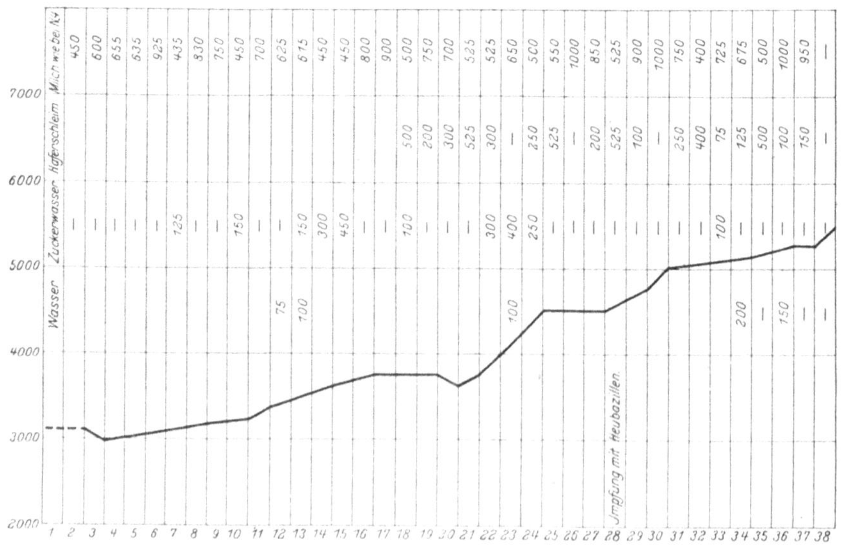

rieten, da das wachsende Nahrungsbedürfnis des Jungen und der Mangel an sterilem Milchvorrat uns zwang, die Milchsterilisation gegen unsere eigene bessere Erfahrung abzukürzen. Ich glaube daher nicht fehlzugehen, wenn ich die Infektion des Steril-

tieres mit Heubacillen am 11. Versuchstage auf ungenügend sterilisierte Milch zurück-
führe. Die Milch wurde stets ohne Wasserzusatz verabreicht; das Kontrolltier erhielt
möglichst dieselbe sterile Nahrung zur gleichen Zeit. Die Menge der Nahrung ließ
sich bei beiden Tieren nicht durchaus gleich gestalten, da das Nahrungsbedürfnis und
entsprechend die Nahrungsaufnahme nicht vollständig übereinstimmen konnten; es hätte
auch keinen inneren Sinn gehabt, da ja das Anfangsgewicht bei beiden verschieden
war. Die verabreichten Quantitäten sind aus den beigegebenen Gewichtstabellen ersichtlich. Aus ihnen ergibt sich auch, daß wir neben Milch zuweilen sterilisierte
Milchzuckerlösung, Reiswasser und Haferschleimabkochung und sogar Bolussuspension
in Wasser verfütterten. Der Grund dafür liegt in einem therapeutischen Moment.
Das im Freien aufgezogene Tier hatte durchgehends sehr träge Verdauung. Wir
fütterten infolgedessen neben der Milch noch Milchzuckerwasser, um einen täglichen
Kotabsatz zu erzwingen, den wir auch für die bakteriologische Kontrolle der Verdauung
dieses Tieres benötigten. Das Steriltier hatte eine sehr lebhafte Verdauung und öfteren
täglichen Absatz von breiigem Kot. Wir glaubten diesem durch Verabfolgung von
Reiswasser usw. begegnen zu können, sahen uns aber in unserer Erwartung vollständig
getäuscht. Wir vermochten die Konsistenz der Fäkalien nicht im geringsten zu beeinflussen; sie blieben stets dünnbreiig gelbbraun, aber zusammenhängend, niemals
waren sie im eigentlichen Sinne diarrhoisch. Nachdem wir auch bei dem letzten
Versuch im Sommer 1913, der weiter unten noch des näheren geschildert wird, bei
dem Steriltier normalerweise immer die Abscheidung von gleich beschaffenen Faeces
beobachten konnten, müssen wir es heute für eine Eigentümlichkeit keimfreier Ziegen erklären, daß während der Saugperiode niemals feste und geformte Faeces abgesetzt werden.

Das Futterbedürfnis war bei dem keimhaltigen Kontrolltier im allgemeinen größer
als bei dem Steriltier, während die Lebhaftigkeit bei letzterem eine wesentlich größere
war. Unter dieser Lebhaftigkeit hatte die Bedienung des Apparates stark zu leiden.
Das Tier zerstörte alles, was in sein Machtbereich kam: Milchflaschen, Hygrometer,
Wage usw. durften in dem Versuchsraum nicht mehr belassen werden. Auch die
Faeces mußten alsbald nach ihrer Abscheidung entfernt werden, da sonst ein Aufsammeln der zertretenen und verschleppten Fäkalien nicht mehr möglich war. Fäkalien
und Harn wurden bei dem Steriltier ebenso wie bei dem Kontrolltier täglich gesammelt und auf Agarplatten sowie in Bouillon aerob und anaerob bakteriologisch
untersucht. Die Faeces des Kontrolltieres waren etwa vom 5. Tage ab fest und in
charakteristischer Weise geballt. Das Tier beherbergte sofort nach Entleerung des
Meconiums schon in den ersten Milchfaeces zahlreiche Bakterien. Obwohl es bei der
Geburt (vergl. Tabelle) 2 Pfund schwerer war als das Steriltier, machte es bei gleicher
Ernährung geringere Fortschritte in der Gewichtszunahme als jenes. Dieses Verhalten
mag ja vielleicht zum Teil darauf zurückzuführen sein, daß zuweilen leichtere Tiere
desselben Wurfes eine raschere Entwicklung durchmachen als schwerere, beweist aber
auch dann noch für unseren Züchtungsversuch, daß die Ernährung des Steriltieres
hinter der des Kontrolltieres nicht zurückgeblieben ist. Persönlich neige ich mehr zu der
Ansicht, daß während der Saugperiode Darmbakterien für die Ernährung keinen Vorteil
bringen, vielmehr durch den Verbrauch an Nahrungsstoffen einen Nahrungsverlust bedeuten.

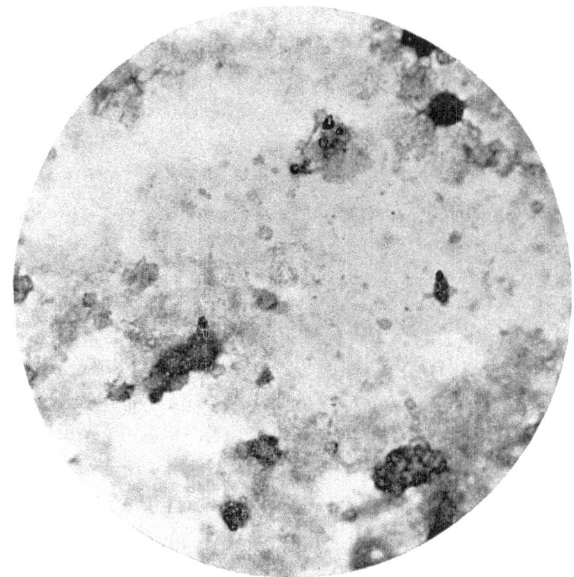

Fig. 7. Mikrophotographie der Faeces des keimfreien Ziegenlammes Nr. VI
vom 26. Lebenstage.

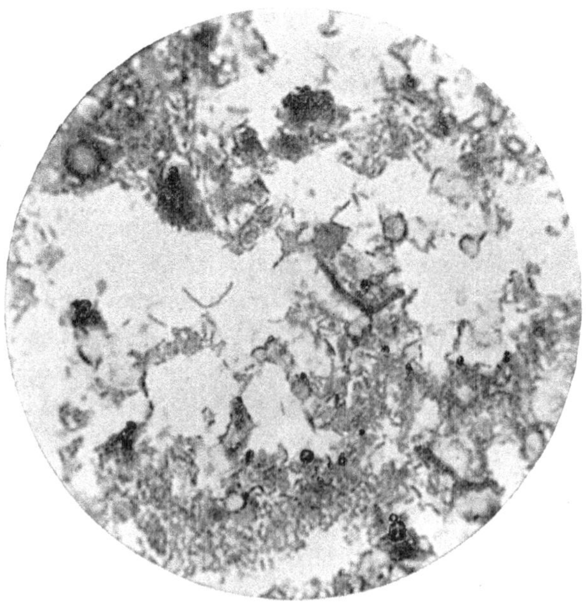

Fig. 7a. Mikrophotographie der Faeces des Kontroll-Lammes Nr. IV
vom 16. Lebenstage.

Die beigefügten Mikrophotogramme mögen den Unterschied der Fäkalien eines keimfreien und eines normalen Ziegenlammes im bakteriologischen Sinne demonstrieren.

Besonders interessant erschien mir an den Faeces des Steriltieres eine Nachprüfung der Straßburgerschen Methode zur gewichtsmäßigen Bestimmung der Keimzahl in Fäkalien. Diese besteht in folgendem:

2 ccm der Faeces werden abgemessen und ihre Trockensubstanz bestimmt. 2 weitere ccm werden mit $\frac{1}{2}$%iger Salzsäurelösung verrieben und bei 2000 Umdrehungen pro Minute zentrifugiert; hierbei gehen die Bakterien in den Überstand. Der Überstand wird abgegossen und gesammelt. Das Zentrifugat wird wiederum mit $\frac{1}{2}$%iger Salzsäure verrieben und wie oben zentrifugiert. Dieses Verfahren wird fortgesetzt bis die Verreibung erschöpft ist, d. h. möglichst keine Bakterien bei der mikroskopischen Untersuchung in dem Bodensatz mehr nachweisbar sind. Der gesammelte Überstand wird zur Abscheidung gröberer Partikel bei 30 Umdrehungen zentrifugiert, darauf mit reichlich 96%igem Alkohol versetzt, auf dem Wasserbad bei 40° 24 Stunden eingeengt, nochmals mit Alkohol versetzt und nun scharf zentrifugiert. Man erhält so die Bakterien im Bodensatz. Letzterer ist noch mit Alkohol absol. zu waschen, darauf mit Äther zu entfetten und endlich nach dem Trocknen zu wiegen, um das Gewicht der in 2 ccm enthaltenen Bakterien zu bestimmen.

Ich verwandte zur Bestimmung Faeces vom Steriltier, welche zwecks Konservierung zu 10% mit H_2SO_4-Normallösung versetzt waren. Diese mußten als brauchbar erachtet werden, da es ja nur auf relative Werte und im besonderen auf eine Nachprüfung der Methode als solcher ankam.

Das Trockengewicht eines in Untersuchung genommenen keimfreien
Kotvolumens betrug . . . . 2,170 g
Das Trockengewicht des Überstandes nach obiger Methode von dem
gleichen Volumen . . . . 0,220 g.

Es wurden demnach 10,14% des bakterienfreien Kotes nach der Methode von Straßburger als Bakterien gefunden.

Am 10., 20. und 30. Versuchstage wurden dem Steril- sowohl wie dem Kontrolltier Blutproben aus der Ohrvene entnommen und zu Ausstrichen und zur Serumprüfung verarbeitet. Das histologische Blutbild ergab bei beiden Tieren keinen Unterschied, serologisch gelang es bei beiden nicht, Antikörper gegen Ziegenkoli und Heubacillen nachzuweisen. War die Untersuchung in diesem Sinne auch negativ, so wurde dabei doch eine sehr interessante Beobachtung gemacht; es ergab sich nämlich, daß die kleine Schnittwunde am Ohr bei dem Kontrolltier normal und rasch verheilte, während bei dem Steriltier auch nach 10 Tagen nur eine leichte Verklebung der Wundränder, keine Gewebsvereinigung eingetreten war; man konnte durch mäßigen Zug die Wunde wieder öffnen. Es erscheint nicht ausgeschlossen, daß bei dem Kontrolltier der Reiz, welcher durch die zahlreich vorhandenen Hautbakterien auf die Wundränder ausgeübt wird, die Granulation anregt und so die Heilung begünstigt. Bei dem Steriltier fehlt jeder Reiz durch Hautbakterien; vielleicht wirkt auch das physikalisch-gleichmäßige Verhalten der Luft im Innern des Versuchsraumes heilungsverzögernd.

Die Nahrung wurde dem Steriltier immer 35⁰ C warm verabreicht. Um die Milch im Versuchsraum auf diese Temperatur erwärmen zu können, hatten wir uns nach Art der elektrischen Heizkissen eine Heizröhre konstruiert, die mit Asbest isoliert war und einen inneren Durchmesser aufwies, der das Einschieben einer Soxhletflasche eben gestattete. Die Erwärmung, welche sehr rasch von statten ging, wurde durch ein Thermometer kontrolliert.

Thermometer und Saughütchen wurden außer Gebrauch in einem Gefäß mit 3%iger Wasserstoffsuperoxydlösung aufbewahrt. Die Wasserstoffsuperoxydlösung diente im Innern des Versuchsraumes nicht Desinfektionszwecken — Keime sind ja nicht vorhanden —, sondern zur Reinigung. Sie ist zur Entfernung aller, auch der aufgetrockneten Schmutzteilchen ganz vorzüglich brauchbar und hat den großen Vorzug, daß durch ihre Verwendung die gesammelten Abgänge des Tieres chemisch nicht verunreinigt werden können; ihr großer Nachteil, allerdings nur in pekuniärer Beziehung, besteht darin, daß sie stark zerstörend wirkt und bei häufigerer Anwendung Sauger, Handtücher, Handschuhe und sogar Schwämme unbrauchbar macht. Auch gutes Handschuhgummi (z. B. Thermofix) wird bei längerer Einwirkung von Wasserstoffsuperoxyd aufgelöst, und man muß daher die Handschuhe nach Möglichkeit vor Benetzung mit ihm hüten und sie jedenfalls sofort gut abtrocknen.

Die tägliche bakteriologische Kontrolle des Steriltieres ergab bis zum 11. Tage vollkommene Keimfreiheit. Am 12. Tage wurde das spärliche Vorhandensein eines Bakteriums kulturell und mikroskopisch nachgewiesen; dieses konnte nachher als Bacillus subtilis identifiziert werden. Das Auftreten des Bakteriums bei dem bisher keimfreien Tier vernichtete streng genommen von nun ab die Vorbedingung des ganzen Versuches, dennoch wurde das Experiment nicht abgebrochen, da die Infektion für das weitere Gedeihen des Versuchstieres bei genauester klinischer Beobachtung ohne jeden Einfluß war. Da nun wohl zurzeit niemand dem Heubacillus eine Bedeutung als Darmbakterium, d. h. eine Förderung der Verdauungsvorgänge und der Resorption zuschreiben wird, so könnte praktisch die weitere Entwicklung des Versuchstieres einer keimfreien gleichgesetzt werden; daß man dazu berechtigt war, beweist der Züchtungsversuch vom Sommer 1913[1]).

Versuchsweise wurde auch das freilebende Kontrolltier mit einigen Fläschchen Milch gefüttert, die mit Heubacillen infiziert und reichlich durchwachsen waren. Es .

---

[1]) Die Beobachtungen, betr. das indifferente Verhalten des Heubacillus im Ziegendarm, weichen von den Erfahrungen Cohendys über die Wirkung des gleichen Keimes auf keimfreie Hühnchen weitgehend ab. Cohendy sah den Subtilis eine sehr toxische Wirkung entfalten und führt diese nicht auf eine spezifische Empfindlichkeit des Hühnerorganismus für den Heubacillus, sondern auf eine toxische Zersetzung der Hühnernahrung durch diesen Mikroorganismus und auf die membranöse Überwucherung (veritable tapissage) von Trachea und Bronchien der Versuchstiere durch Heubacillen zurück. Eine Zersetzung der Milchnahrung hätte in unserem Falle höchstens im Darmkanal des Ziegenlammes auftreten können, denn nach der ganzen Vorbehandlung der Milch kann es sich nur um eine Infektion mit wenigen bei der Sterilisation überlebenden Sporen von Heubacillen gehandelt haben. Wir konnten auch die Zunahme der Heubacillen im Ziegendarm verfolgen; bei der bakteriologischen Kontrolle der von der entsprechenden Zubereitung noch vorhandenen Flaschen Sterilmilch wurden keine Heubacillen gefunden.

gelang auch hier, ein reichliches Auftreten von Heubacillen im Darm zu erzielen. Gesundheitsstörungen traten dabei nicht auf und mit dem Weglassen der infizierten Milch verschwanden die Bacillen bald wieder bis auf wenige Exemplare, die noch lange nachweisbar waren.

Der I. Hauptversuch wurde am **35.** Tage abgebrochen und die Tiere geschlachtet. Die Bestimmung des Hämoglobingehaltes und die Zählung der weißen und roten Blutkörperchen ergab bei beiden Tieren keine wesentlichen Differenzen. Der Darminhalt des im Apparat gezüchteten Tieres wies bakteriologisch nur Heubacillen in großer Menge auf.

Fig. 8. Die beiden Versuchslämmer am 35. Lebenstage. Das obere Tier in keimhaltiger Umgebung, das untere im keimfreien Raume aufgezogen.

Sofort bei der Sektion wurden Teile von Muskel, Leber und Niere entnommen und ihr Wassergehalt bestimmt (s. Tabelle S. 64).

Aus der Tabelle ergibt sich, daß der Wassergehalt der Organe bei dem Steriltier und dem Kontrolltier eine geradezu überraschende Übereinstimmung zeigt. Die Gewichtszunahme des Steriltieres kann also unmöglich auf eine Vermehrung des Wassergehaltes zurückgeführt werden.

Um dem Einwand zu begegnen, daß die Gewichtszunahme des Versuchstieres vielleicht wie bei den Meerschweinchen von Nutall und Thierfelder auf Anfüllung des Darmkanals zurückgeführt werden müßte — eine Annahme, die schon bei der großen Differenz zwischen Anfangs- und Schlußgewicht der Ziegen wenig Wahrscheinlichkeit

Prozentualer Wassergehalt der Organe.

Organ	Gramm-gewicht frisch	Gramm-gewicht trocken	Wassergehalt		
			absolut	in Prozenten	
Muskel	12,3167	1,9790	10,3377	83,93	Ziege Nr. 4
Leber	10,0394	2,1788	7,8606	78,29	
Niere	12,2477	1,9790	10,2687	83,84	
Muskel	9,7505	1,8704	7,8801	80,82	Ziege Nr. 5
Leber	13,0459	2,9708	10,0751	77,23	
Niere	12,0177	2,0346	9,9831	83,07	

für sich hatte — wurden die durch Verbluten in analoger Weise getöteten Tiere mit und ohne Eingeweide gewogen und als Gewicht festgestellt:

Gewicht nach der Entblutung		Gewicht ohne Eingeweide
Steriltier	5450 g	4100 g
Kontrolltier	5500 „	4500 „

Es war demnach ein beträchtlich abweichender Prozentsatz des Lebendgewichtes auf Rechnung der Eingeweide zu setzen, aber zweifellos hat bei dem Steriltier echte Gewichtszunahme stattgefunden.

Berücksichtigt man außer dem Gesagten noch die in den Tabellen niedergelegte und durch regelmäßige Wägung des Einzeltieres festgestellte Gewichtszunahme der Versuchstiere, so kann man schon auf Grund dieses Versuches mit einer an Gewißheit grenzenden Wahrscheinlichkeit behaupten, daß eine keimfreie Aufzucht von Säugetieren möglich ist, solange die Nahrung in einer Form gereicht wird, welche in leichter Verdaulichkeit der sterilisierten Milch entspricht.

Da aus dem wissenschaftlichen Aversum des Hygienischen Instituts der Universität mir Mittel für die vorliegenden Versuche nicht zur Verfügung gestellt werden konnten, so war es bei ihrer großen Kostspieligkeit doppelt angenehm, daß mir von der, gelegentlich des Universitäts-Neubaus gegründeten, Wissenschaftlichen Gesellschaft der Universität Freiburg i. B. 1912 eine namhafte Geldunterstützung bewilligt werden konnte. Ich spreche der Wissenschaftlichen Gesellschaft der Universität Freiburg für diese gütige Unterstützung auch an dieser Stelle meinen allerverbindlichsten Dank aus.

Es ist außerordentlich schwierig, im Handel eine im Herbst kitzende Ziege zu erhalten, und ich mußte daher die Fortsetzung der Versuche auf das Frühjahr 1913 verschieben. Inzwischen war ich von Freiburg i. B. an die bakteriologische Abteilung des Kaiserlichen Gesundheitsamtes nach Dahlem übergesiedelt.

Während ich in Freiburg das gute Gelingen der Operationen der gütigen Hilfe des Herrn Professor Dr. Gauss und Privatdozent Dr. Schlimpert von der Universitäts-

Frauenklinik verdankte, hatte jetzt Herr Professor Dr. Fromme (Königl. Charité) die große Liebenswürdigkeit, für mich die Sectio caesarea auszuführen. Zur Aufzucht benützte ich den gleichen Apparat wie in Freiburg i. B.

Als Versuchstier stand wiederum eine Erstlingsziege zur Verfügung. Die Operation wurde 3 Tage vor Ablauf der mittleren Trächtigkeitsdauer ausgeführt und gelang vorzüglich.

Die Gravidität war einfach, rechtsseitig und infolgedessen wurde mit rechtem Flankenschnitt eingegangen. Das entwickelte Junge war kaum asphyktisch zu nennen, wog bei der Geburt 4¹/₂ Pfund und begann alsbald nach der Einbringung in den wie früher vorbereiteten Aufzuchtraum regelmäßig zu atmen. Sofort wurden Proben

Fig. 9. Das Muttertier des Versuches vom Sommer 1913 mit Operationsnarbe
in der rechten Flanke.

der Haare an verschiedenen Körperstellen sowie ein Stückchen des Nabelschnurrestes zur bakteriologischen Untersuchung entnommen. Diese Proben, sowie alle weiteren in den ersten 35 Lebenstagen untersuchten Proben von Harn, Faeces und Haaren waren vollständig keimfrei. Am 36. Tage trat durch eine grobe Undichtigkeit des Apparates (Riß des Handschuhs) eine bakterielle Verunreinigung des Versuches ein.

Den Erfolg der langen Keimfreihaltung verdanke ich vor allem den Erfahrungen des vorhergehenden Versuches, im besonderen den Experimenten über keimfreie Milch. Ich darf dieselben vielleicht in folgenden Worten zusammenfassen: Trotz der größten Vorsicht bei dem Melken, trotz Verwendung steriler Gefäße und keimdichtem Verschluß gelingt es durch Kochen nicht, eine vollkommene Sterilität aller Flaschen zu erzielen, wenn man auf Erhaltung des Nährwertes Rücksicht nehmen muß. Schon wenn man die Milch 5 Tage hintereinander je ¹/₄ Stunde im kochenden Wasserbade hält, nimmt sie deutlich braune Farbe und schlechten Geschmack an. Ein längeres

Kochen von Nährmilch erscheint ausgeschlossen. Um nun gleichwohl sicher keimfreie Flaschenmilch für die keimfreie Fütterung zu erhalten, gingen wir in der Weise vor, daß wir vor jedem Melken Euter und Hände des Melkers erst mit Wasser und Seife, darauf mit Sublimatlösung gründlich desinfizierten, die zunächst ermolkenen Milchmengen wegfließen und die dann folgenden durch ein sterilisiertes Wattefilter in ein steriles Gefäß einlaufen ließen. Unmittelbar darauf wurde die Milch in die vorher sterilisierten Flaschen umgefüllt, ein konischer Gummipfropfen locker aufgesetzt und durch übergebundenes, mit Glycerinsublimatlösung befeuchtetes Pergamentpapier in seiner Lage erhalten. Darauf wurde, fünfmal wie oben beschrieben, gekocht und nach Einpressen des Stopfens ohne Entfernung des Papierverschlusses die Flasche

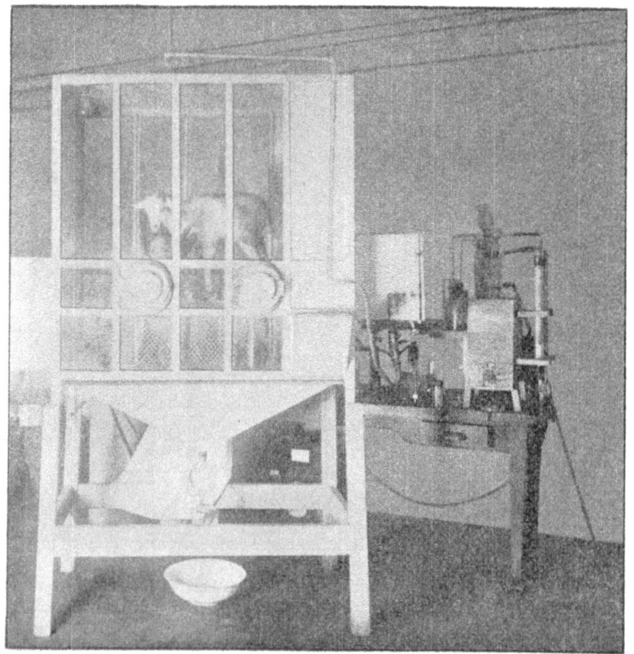

Fig. 10. Das keimfreie Ziegenlamm Nr. 6 in dem Aufzuchtraum am 30. Lebenstage.

geschlossen. Die so vorbereitete Milch bleibt mindestens $^1/_2$ Jahr bei Zimmertemperatur ruhig stehen, worauf die irgendwie im Aussehen veränderten Flaschen ausgeschaltet werden. Es ist immer ein beträchtlicher Prozentsatz von Milch, der auf diese Weise für den Versuch verloren geht. Wenn man die ausgesonderte Milch auf Keimgehalt untersucht, so sind stets einige Flaschen darunter, in denen man kulturell keine Keime nachweisen kann, deren Inhalt also nur chemisch oder physikalisch umgesetzt war. Zweifellos erreicht man durch dieses rigorose Vorgehen, daß die zurückbleibenden Flaschen sicher steril sind. Der letzte Versuch bestätigt die Richtigkeit unserer Behauptung. Die Milch, welche bei diesem Verwendung fand, war in der beschriebenen Weise im Frühjahr und Sommer 1912 gesammelt und sterilisiert worden, und wurde im Sommer 1913 mit Erfolg zur Fütterung verwandt. Da durch eine keimhaltige

Flasche mit Milch der ganze Versuch in Frage gestellt wird, so möchte ich auf die zwar umständliche aber sichere Methode vorerst nicht verzichten.

Die Faeces der keimfreien Ziege des letzten Versuches waren wiederum stets zäh-breiig, niemals geformt und fest. Die Reaktion war amphoter, bald nach der alkalischen Seite, bald nach der sauern überwiegend. Der Wassergehalt betrug bei wiederholten Wägungen im Durchschnitt 75%, während wir bei den frischen Faeces normaler erwachsener Ziegen 67% feststellten.

Vom 15. bis 17. Juni betrugen die ausgeschiedenen Faeces zusammen 65 g, entsprechend 16,25 Trockensubstanz. Verfüttert wurden an diesen und den vorhergehenden Tagen durchschnittlich 1350 ccm Milch entsprechend etwa 60,75 g Milchzucker. Wird das nach Fehling bestimmte Reduktionsvermögen der Faeces auf ihren Milchzuckergehalt berechnet, so wären in der Kot-Trockensubstanz 8,6% Milchzucker vorhanden = 1,397 g Zucker. Es wären demnach nur 2,3% des verfütterten Zuckers nicht ausgenützt worden, d. h. die Ausnützung des Zuckers im keimfreien Darm dürfte als gut anerkannt werden.

Ganz ähnliche Verhältnisse bietet die Fettausnützung. In der Zeit vom 5. bis 11. Juni wurden täglich 1000 ccm Milch verfüttert. Diese entsprechen einer Fettmenge von täglich ungefähr 40 g. Die ausgeschiedenen und gesammelten Faeces betrugen feucht vom 9. bis 11. Juni 23,30; 28,50; 24,00 g, zusammen 75,8 g. Da die Faeces nach wiederholten Untersuchungen 25% Trockensubstanz enthalten, so sind zusammen 19,0 g in Anrechnung zu bringen. In der Trockensubstanz der Faeces vom 9. bis 11. Juni wurden 16,4% Neutralfett gefunden; es wurden demnach von den in den drei Tagen verfütterten 120 g Fett nur 3,0 g = 2,5% Fett unzersetzt ausgeschieden. Wenn diese Zahlen auch mit Rücksicht darauf, daß nicht eine ganz gleichmäßige Mischmilch an den verschiedenen Tagen verfüttert wurde, sondern eine Milch, die entsprechend der Zeit der Lactationsperiode sich in ihrer Zusammensetzung änderte, so geben obige Werte doch einen gewissen Anhalt für die Bewertung der Ausnützung von Zucker und Fett. Daß im übrigen die Verfütterung des Flascheninhaltes und die Aufsammlung der Faeces mit weitgehender Genauigkeit in dem Apparat durchgeführt werden konnte und durchgeführt wurde, beweist das Ergebnis des folgenden Cellulose-Verdauungsversuches:

Wenngleich von einem 3 Wochen alten Sauglamm nicht zu erwarten war, daß es eine besondere Verdauungskraft für Cellulose entwickelte, so glaubten wir doch mit Rücksicht auf die allgemein günstigen Versuchsbedingungen eine Cellulosefütterung und quantitative Bestimmung des verdauten Anteils durchführen zu sollen. Das Junge befand sich in reiner Milchernährung und mit Hilfe der Saugflasche konnte ihm die Cellulosenahrung quantitativ exakt einverleibt werden. In 4 Soxhletflaschen wurden je 10 g einer bestimmten Roggenkleie zusammen mit 50 ccm Wasser und 0,5 g Kochsalz eingefüllt und 1 Stunde bei 120° im Autoklaven sterilisiert. Die Flaschen wurden alsdann unter aseptischen Kautelen mit steriler Ziegenmilch aufgefüllt, der üblichen 5 tägigen Sterilisation bei Gummipergamentverschluß unterworfen und durch den Vorraum in den Apparat eingeführt. Die mit Kleie versetzte Milch wurde von dem Ziegenlamm, vielleicht wegen ihres Kochsalzzusatzes, verhältnismäßig gern genommen. Damit durch Anhaften in der Flasche nichts verloren ging, wurde der Wand- und Bodenrückstand jeweils nochmals mit steriler Milch kräftig ausgeschüttelt und diese dann ebenfalls verfüttert. In dieser Weise konnten wir dem Ziegenlamm am 18. und 19. Juni je 20 g Kleie (auf Trockensubstanz gerechnet) zuführen. Vom 18. Juni ab wurden die ausgeschiedenen Faeces besonders sorgfältig gesammelt. Am 19. früh ließen sich zuerst Kleiepartikelchen mikrochemisch in den Faeces nachweisen und bald konnte man auch makroskopisch die Kleie in den Faeces als graugrüne Beimengung erkennen. Die Konsistenz der Faeces blieb unverändert; sie waren nach wie vor weich, gallertig zusammenhängend; das Volumen und Gewicht nahm mit der Kleiefütterung ganz beträchtlich zu; wie ein Vergleich mit der Fütterungstabelle lehrt, meist mehr als die Zunahme der verfütterten Nahrungsmenge erwarten ließ. Während die Faeces eines keimfreien Ziegenlammes für gewöhnlich als geruchlos bezeichnet werden müssen — allenfalls ist ein ganz leichter Milchgeruch wahrnehmbar — so konnte an den Kleiefaeces bisweilen ein schwach säuerlicher Geruch festgestellt werden. Die Kleiebeimengung war am 20. IV. in den Faeces noch gut sichtbar, am 21 nur noch spärlich und am 22. konnte auch mikroskopisch keine Kleie mehr nachgewiesen werden. Entsprechend ist die gesamte Faecesmenge am 19. 6. am größten, fällt am 20. schon beträchtlich ab, erreicht am 21. einen abnorm tiefen Stand, um am 22. dann wieder allmählich in die normale Tagesmenge überzugehen. Es wurden ausgeschieden am 18.: 48,0 g, am 19.: 134 g, am 20.: 101 g, am 21.: 11 g, am 22.: 51 g. Die gesammelten 345 g Kot wurden getrocknet und dann ebenso wie in der verwendeten Kleie der Cellulosegehalt bestimmt.

Die Rohfaserbestimmung wurde von Herrn Dr. Hailer nach der Weenderschen Methode durchgeführt. Die hier interessierenden Zahlen sind:

Das Gesamtgewicht des getrockneten Kleiekotes betrug . . 78,15 g
Hiervon wurden entfettet . . . . 42,75 „
Der Fettgehalt der 42,75 g betrug . . . .   8,85 „ = 17,42 %
Der entfettete Rückstand wog . . . . 33,90 „

Von dem entfetteten Rückstand wurden 3 Proben entnommen und darin die Cellulose bestimmt; es ergaben

$$3,0099 \text{ g Faeces } 0,0818 \text{ g Rohfaser} = 2,72\%$$
$$2,7761 \text{ „ „ } 0,0723 \text{ „ „ } = 2,60 \text{ „ } \quad \text{im Mittel } 2,77\%$$
$$2,9057 \text{ „ „ } 0,0875 \text{ „ „ } = 3,01 \text{ „ }$$

In den 33,9 g entfetteten Kots waren demnach 0,939 g Rohfaser vorhanden, daraus wird für die gesamte Kotmenge aus der Versuchszeit ein Rohfasergehalt von 1,716 g berechnet. Der Rohfasergehalt der Kleie wurde an zwei Proben bestimmt. Es ergaben

$$2,648 \text{ g Kleie } 0,1209 \text{ g Rohfaser} = 4,49\%$$
$$1,802 \text{ „ „ } 0,0755 \text{ „ „ } = 4,19 \text{ „ } \quad \text{im Mittel } 4,34\%$$

Der Cellulosegehalt der verfütterten 40 g Kleie beträgt demnach 1,736 g und der Verlust an Cellulose bei der Passage durch den keimfreien Ziegendarm 0,02 g = 1,15 %.

Die in diesen Versuchen festgestellte geringe Celluloseabnahme liegt innerhalb der Fehlergrenzen. Es muß also die Frage nach der Möglichkeit der keimfreien Celluloseverdauung vorerst noch unbeantwortet bleiben. Aus dem negativen Ausfall des Versuches darf jedenfalls nicht gefolgert werden, daß eine keimfreie Verdauung von Cellulose nicht möglich ist. Von einem 3 Wochen alten Sauglamm war, wie bereits gesagt, eine Celluloseverdauung nicht zu erwarten, und es erscheint notwendig, ein keimfreies Tier bis zur selbständigen heterologen Ernährung, bei einem Ziegenlamm speziell die Verdauung nach Eintritt des Wiederkäuens, zu untersuchen, um die Frage entscheiden zu können.

Gewichts- und Fütterungstabelle des Ziegenlamms Nr. VI.

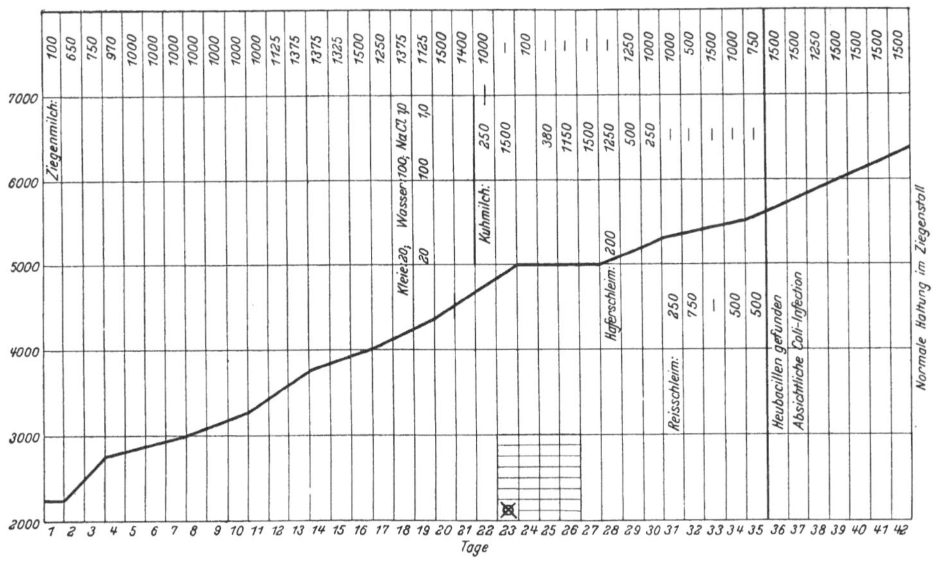

⊠   Formalinvergiftung.

Von den meisten Autoren wird heute die Ansicht vertreten, daß Cellulose nur mit Hilfe der Darmbakterien aufgeschlossen und ausgenützt werden könne. Diese Anschauung stützt sich hauptsächlich auf die Arbeiten von Tappeiner. Dieser Forscher konnte bei Verdauungsversuchen mit Magen- und Darminhalt von Wiederkäuern die Abnahme von zugesetzter Cellulose nur dann nachweisen, wenn auf die Erhaltung und Tätigkeit der natürlichen Darmbakterien alle Rücksicht genommen war, während die Umsetzung der Cellulose ausblieb, sobald Chemikalien zugesetzt wurden, die das Wachstum der Darmbakterien hemmten. Ohne an der Richtigkeit dieser Befunde irgendwie zu zweifeln, dürfte doch vielleicht der Einwand berechtigt sein, daß daraus zu weitgehende Schlüsse gezogen sind. Es gibt celluloselösende Fermente, das beweisen die Wachstumsvorgänge in verholzten Pflanzensamen. Wir wissen über die Widerstandsfähigkeit bezw. Empfindlichkeit dieser Enzyme noch zu wenig; im Darmkanal könnten celluloselösende Fermente vorhanden sein, die bei der

Tappeinerschen Versuchsanordnung nicht zu wirken vermögen. Entwicklungsgeschichtliche Überlegungen drängen sogar dazu, ein celluloselösendes Ferment im Darm des Pflanzenfressers vorauszusetzen, sonst müßten wir die Existenzmöglichkeit dieser hochentwickelten Tiere auf die Hilfe niederster Lebewesen, der celluloselösenden Darmbakterien gründen, eine Annahme, die durch kein einwandfreies Beispiel gestützt werden kann.

Auf S. 41 waren in der Literaturbesprechung die Versuche Kianizins erwähnt. Dieser Autor hatte erwachsene Tiere äußerlich soweit wie möglich von Keimen befreit, hatte sie in einen keimfreien Raum verbracht und bei keimfreier Atmungsluft mit keimfreier Nahrung gefüttert. Alle Tiere gingen unter diesen Umständen zugrunde. Die Todesursache erblickt Kianizin in schweren Stoffwechselstörungen, die ihrerseits durch das aseptische Leben bedingt sein sollen. Die Stoffwechselstörungen wurden unter anderem durch Harnanalysen nachgewiesen.

Da ich von den Ziegen Nr. IV und V und ebenso von der letzten Ziege Nr. VI Harn mit Chloroform konserviert aufbewahrt hatte, so war die Möglichkeit vorhanden, einige orientierende Versuche darüber anzustellen, ob die von Kianizin beobachteten Stoffwechselstörungen tatsächlich durch das Fehlen von Keimen in Atmungsluft und Nahrung herbeigeführt sein könnten.

Kianizin hatte den Gesamtstickstoff nach Kjeldahl, den Harnstoffstickstoff, nach Behandlung des Harnes mit Phosphorwolframsäure, eudiometrisch bestimmt. Das Verhältnis des Gesamtstickstoffs zum Harnstoffstickstoff betrug dann bei demselben Tier unter normalen Lebensbedingungen 100 : 90 und ging unter den Versuchsbedingungen bis 100 : 55 herab.

Da die Behandlung des Harns mit Phosphorwolframsäure zur Gewinnung der Purinstoffe auch Ammoniak aus dem Harn mitreißt, die Bestimmung der Purinstoffe uns wenig wertvoll, die des Ammoniakstickstoffs aber sehr wünschenswert erschien, so bestimmte Herr Dr. Hailer, der die chemischen Untersuchungen ausführte, Harnstoff- und Ammoniakstickstoff zusammen, außerdem den Ammoniakstickstoff allein (beide nach Folin) und berechnete den Harnstoffstickstoff als Differenz aus den gefundenen Größen. Der Gesamtstickstoff wurde nach Kjeldahl bestimmt (s. Tabelle S. 72 und 73).

Die in den Analysen 3, 4, 5, 8, 9, 10, 11, 12 und 13 untersuchten Harne stammen von keimfreien Versuchstieren und wurden durch Chloroformzusatz vor jeder bakteriellen Zersetzung geschützt. Harn 1, 2 und 15 wurden von Ziegenlämmern mit normaler Darmflora ausgeschieden; Harn 6 und 7 wurden von Tieren geliefert, die nur Heubacillen, Harn 14 von einem Tier, das Heubacillen und Bacterium coli in seinem Darm beherbergte.

Ziege IV lebte in keimhaltiger Umgebung, erhielt aber nur keimfreie Nahrung. Ziege V und Ziege VI (bis zum 12. 7. 13) wurden im keimfreien Raum bei keimfreier Nahrung gehalten. Am 16. 7. 13 befand sich Ziege VI in normaler Umgebung und erhielt ungekochte Milch.

Wenn der Keimgehalt der Atmungsluft und Nahrung von ausschlaggebender Bedeutung für das Verhältnis zwischen den stickstoffhaltigen Substanzen des Harnes wäre, müßten wir nach Kianizin in Analyse 1, 2 und 15 einen hohen Quotienten zwischen Harnstoffstickstoff und Gesamtharnstickstoff, bei 6, 7 und 14 eine Verkleinerung und bei den übrigen aus der keimfreien Periode einen kleinen Quotienten finden.

Bei dem Vorgehen Kianizins zur Bestimmung des Harnstoffstickstoffs ist es unmöglich zu beurteilen, wieviel von dem Ammoniakstickstoff des Harns mit den Purinstoffen ausgefällt, wieviel als Harnstoffstickstoff mitbestimmt wurde. Der von ihm aufgestellte Quotient Harnstoffstickstoff zu Gesamtharnstickstoff läßt sich daher mit Sicherheit nicht nachprüfen. Wir haben daher in der angegebenen Weise Harnstoff- und Ammoniakstickstoff gesondert bestimmt. (S. d. Tabelle.)

Versuch 1 und 2 zeigen auffallend hohe Werte für den Ammoniak-, sehr geringe für den Harnstoffstickstoff. Die untersuchten Harne stammen von einem Normaltier bei keimfreier Ernährung. Das auffallende Verhältnis zwischen NH_3- und Harnstoffstickstoff ist daher ohne Frage darauf zurückzuführen, daß der Harn schon während des 24 stündigen Sammelns durch Bakterien stark verändert wurde, noch ehe der konservierende Chloroformzusatz erfolgte.

Bei den übrigen Harnen schwankt das Verhältnis vom Ammoniak- zum Gesamt-N zwischen 2,5 und 20 und es ist dabei ohne Einfluß, ob der Urin im keimfreien oder im keimhaltigen Stadium gelassen wurde. Man findet in beiden Fällen auffallend hohe und tiefe Werte.

Das Verhältnis zwischen Harnstoff-N und Gesamt-N liegt bei den Untersuchungen 3—15 zwischen 12 und 73. Der von Ziege VI am dritten Lebenstage gelassene Urin (Analyse 8) hat einen sehr geringen Gehalt an Ammoniak-N und Harnstoff-N im Vergleich zum Gesamt-N. Das jugendliche Alter des Tieres kann für die Erklärung dieses Befundes nicht herangezogen werden, denn Harn von Ziege V vom vierten Lebenstage zeigt viel höhere Zahlen für die beiden Werte. Eine Deutung ergeben vielleicht die späteren Stoffwechseluntersuchungen. Wir lassen daher den Versuch 8 bei der nachfolgenden Berechnung zunächst außer Betracht.

Die in keimfreien Perioden gelieferten Harne zeigen einen Harnstoffgehalt zwischen 30 und 73 im Mittel von 57; waren nur Heubacillen im Darm, so betrug der Gehalt 48 und 55 im Mittel 52, lag also dem vorerwähnten sehr nahe; waren außerdem noch Bacterium coli (Fall 14) und andere Keimarten (Fall 15) nachweisbar, so lag der Harnstoffgehalt bezogen auf Gesamt-N $=$ 100 bei 71 und 72. Es war hier also zwischen keimfreier bezw. keimarmer und keimreicher Zeit ein bemerkenswerter Unterschied. Während der keimfreien Zeit wurde die Mittelzahl 57 viermal (3, 4, 10, 12) überschritten, erstens in den Zahlen 64, 66 und 67, die dem Mittelwerte noch ziemlich nahe liegen, und dann in der Zahl 73, die dem Befund bei keimhaltigen Tieren entspricht. Ob dieser letztgenannte ausnehmend hohe Gehalt auf die Zufuhr der cellulosehaltigen Kleie zurückzuführen ist, muß späteren Versuchen vorbehalten bleiben.

Bezieht man den Gehalt an Ammoniak-N und Harnstoff-N zusammen auf den Gesamt-N des Harnes, so können auch die Versuche 1 und 2 mitberücksichtigt werden, da der aus dem zersetzten Harnstoff stammende Ammoniak in Lösung geblieben ist. Die Verhältnisse liegen dann in der keimfreien Zeit zwischen 50 und 82 im Mittel bei 68 : 100, in der keimarmen Zeit bei 68,7 und 71,6 im Mittel also bei 70 : 100,

Harn

Tier Nr.	Harn vom	Gesamt-Harn-Stickstoff %	Harnstoff-N und Ammoniak-N zusammen %	Ammoniak-N allein %	Harnstoff-N allein %	Verhältnis Ammoniak-N zu Gesamt-N
Ziege IV	3. 4. 12	0,205	0,146	0,123	0,023	60 : 100
Desgl.	22. 4. 12	0,143	0,115	0,104	0,011	72,5 : 100
Ziege V	24. 3. 12	0,28	0,23	0,048	0,18	17 : 100
Desgl.	25. 3. 12	0,254	0,21	0,039	0,17	15,4 : 100
„	31. 3. 12	0,14	0,07	0,028	0,042	20 : 100
„	3. 4. 12	0,208	0,149	0,034	0,115	16,6 : 100
„	22. 4. 12	0,208	0,143	0,044	0,099	20,7 : 100
Ziege VI	3. 6. 13	0,368	0,061	0,017	0,044	4,6 : 100
Desgl.	14. 6. 13	0,140	0,089	0,014	0,075	10 : 100
„	18. 6. 13	0,202	0,1545	0,005	0,149	2,5 : 100
„	25. 6. 13	0,500	0,393	0,078	0,315	14 : 100
„	26. 6. 13	0,311	0,224	0,0154	0,209	5 : 100
„	4. 7. 13	0,272	0,1505	0,0168	0,138	6 : 100
„	11. 7. 13	0,322	0,3078	0,042	0,266	13 : 100
„	16. 7. 13	0,258	0,197	0,014	0,183	5,4 : 100
		I	II	III	IV	V

***) Heubacillen und Bact. coli
**) Nur Heubacillen im Darm
 *) Keimfreies Stadium

[1]) Die zu einem Versuch gehörigen Analysen sind mit 1—15 bezeichnet, die gleichartigen Analysen in den Spalten I—IX untereinander geordnet.

und bei den reichlich Keime enthaltenden Tieren im Mittel zwischen 71 und 85 im Mittel bei 78 : 100. Die Mittelwerte stehen in diesen verschiedenen Perioden ziemlich nahe beieinander, vor allem aber werden auch bei keimfreiem Leben (3, 4 und 10) Verhältniszahlen gefunden, die denen aus der keimhaltigen Zeit nahe kommen oder sie übertreffen.

Unsere Befunde über das Verhältnis von Ammoniak-N und Harnstoffstickstoff zusammen zu Gesamtharnstickstoff entsprechen also nicht den Kianizinschen Prozentzahlen, die in unserem Quotient Harnstoff-N zu Gesamt-N eine gewisse Bestätigung finden. Da wir an den verschiedenen Versuchstagen, wie Spalte IX ergibt, den Forderungen der Aufzucht Rechnung tragend, sehr verschiedene Mengen und Arten von Futter verabreichten, der Einfluß auf die Größe der einzelnen Stickstoffkomponenten des Harnes vorerst nicht beurteilt werden kann, lassen wir die Berechtigung der Kianizinschen Behauptung von der Beeinflussung des Harnstickstoff-Stoffwechsels durch Bakterien der Nahrung und der Atmungsluft einstweilen dahingestellt; seine Behauptung, daß auch der Tod seiner Versuchstiere sich aus dem Bakterienmangel und den daraus sich ergebenden Stoffwechselstörungen erkläre, müssen wir vollständig ablehnen, denn unsere Tiere vertrugen sowohl das keimfreie Leben an sich als auch untersuchungen[1]).

von		Äther-schwefel-säuren	Am Versuchstag verabfolgte Nahrung	
Harnstoff-N zu Gesamt-N	Ammoniak-N + Harnstoff-N zu Gesamt-N			
11 : 100	71 : 100	+	Wasser 100; Zuckerwasser 150; Kuhmilch 615 ccm	1
8 : 100	80,5 : 100	+	Haferschleim 400; „ 400 „	2
64 : 100	82 : 700	*)	Kuhmilch 675 „	3
67 : 100	82 : 100	*)	„ 645 „	4
30 : 100	50 : 100	*)	Reisschleim 200; „ 500 „	5
55 : 100	71,6 : 100	+ **)	„ 450; „ 350 „	6
48 : 100	68,7 : 100	+ **)	„ 100; „ 700 „	7
12 : 100	16,6 : 100	— *)	Ziegenmilch 750 „	8
53 : 100	63 : 100	+ + *)	„ 1375 „	9
73 : 100	75,5 : 100	+ + + *)	Wasser 100; Kleie 20; NaCl 1,0; „ 1375 „	10
50 : 100	64 : 100	— *)	Kuhmilch 380 „	11
66 : 100	71 : 100	— *)	„ 1150 „	12
50 : 100	56 : 100	+ + + *)	Reisschleim 500; Ziegenmilch 1000 „	13
72 : 100	85 : 100	— ***)	„ 1500 „	14
71 : 100	76 : 100	+ + +	ungekochte! „ 1500 „	15
VI	VII	VIII	IX	

+ = nachweisbar
+ + = mittel
+ + + = viel
Alle (Milch) Nahrung, außer bei 15, wurde sterilisiert.

den Übergang vom keimfreien zum keimhaltigen Dasein ohne jede klinische Gesundheitsstörung.

Besonders erwähnt sei hier noch der Nachweis von Ätherschwefelsäuren im Harn der Versuchstiere, deren Resultat in Spalte VIII wiedergegeben ist. Wir fanden die Ätherschwefelsäuren im Harn sowohl während der keimfreien Lebenszeit als auch beim Vorhandensein von Bakterien im Darmkanal und in der Umgebung der Versuchstiere. Die vorhandenen Mengen waren von der Tätigkeit der Darmbakterien weitgehend unabhängig, denn in den keimfreien Versuchen 10 und 13 war zum Beispiel ein größerer Gehalt nachweisbar, als im Harn von den Normaltieren in Analyse 1 und 2.

Da am 23. 6. die Heizvorrichtung des Vorraumes versagte, und die Einführung weiterer Flaschenmilch zur Ernährung notwendig war, suchten wir uns in der Weise zu helfen, daß wir den beschickten Vorraum durch Einleiten von Formalindämpfen sterilisierten. Eine nachfolgende Einleitung von Ammoniakdämpfen, zur Bindung des Formalins, erschien wegen der hohen Giftigkeit desselben zu gewagt und so kam es, daß bei der späteren Öffnung der inneren Vorraumstür noch reichliche Formalindämpfe in den Innenraum einströmten. Obwohl der Vorraum nur solange geöffnet blieb, als notwendig war, die Milchflaschen ins Innere zu befördern, also höchstens 2 Minuten, obwohl dem Kasteninneren dauernd frische Atmungsluft zugepumpt wurde, so genügten die zwar als irrespirabel, aber ungiftig beschriebenen Formalindämpfe, die sich aus dem kondensierten Formalin des erkalteten Vorraums entwickelten, doch, um eine schwere Vergiftung des Ziegenlammes zu bewirken. Dasselbe äußerte sofort Atmungsbeschwerden, sprang aufgeregt umher, schrie auf, und legte sich bald erschöpft zu Boden. Die Augen nahmen einen matten blöden Ausdruck an. Alle Erscheinungen gingen nach etwa 10 Minuten zunächst vorüber; das Tier erholte sich sichtlich und nahm gierig ½ l Milch an. Die Gefahr erschien beseitigt, aber am andern Morgen bestanden schwere Krankheitserscheinungen. Das Tier lag apathisch am Boden; die Respiration war ganz flach und stark beschleunigt, stoßweise und öfters aussetzend. Das Auge war wieder trübe, die Temperatur betrug 39°; nur durch energisches Rütteln war das Tier zum Aufstehen zu bewegen. Die Nahrungsaufnahme wurde fast vollständig verweigert, so daß es nur mit Mühe gelang, während des ganzen Tages der Ziege 100 ccm Milch beizubringen. Harn und Kotabsatz sistierten vollständig; im Laufe des Tages nehmen die Krankheitserscheinungen an Schwere noch zu, die Zahl der Atemzüge steigt vorübergehend auf 180; keine weitere Temperatursteigerung. Am 25. 6. hat sich das Lamm wieder etwas erholt, die Atmung beträgt 46, die Nahrungsaufnahme wird besser; es erfolgt abends Kotabsatz und Harnabsatz. In dem Harn sind Eiweiß in Spuren, ein Leukocytenzylinder und viele Sargdeckelkrystalle nachweisbar. Am 26. 6. ist das Tier wieder hergestellt; Atmung noch etwas beschleunigt, aus der Nase fließt ein weißliches Sekret. Die Faeces werden wieder in normaler Menge abgesetzt, sie sind aber nicht mehr breiig wie früher, sondern dünnflüssigzusammenhängend. Diese Beschaffenheit der Faeces bleibt während der nächsten Wochen bestehen, obwohl das Tier sich sonst vollständig erholt hat, wieder gut frißt und an Gewicht zunimmt. Die weitere Vornahme von Stoffwechselversuchen war dadurch unmöglich gemacht. Ich möchte die Formalinvergiftung als eine schwere Verätzung des ganzen Respirationstraktus auffassen, die bei dem Fehlen von Mikroorganismen nur zu einer aseptischen Pneumonie führte. Die Anschoppung des bronchialen Reizsekretes ging aus dem gleichen Grunde, ohne wesentliche Fiebererscheinungen auszulösen, schon am dritten Tage in Lösung über.

In den der Formalinvergiftung folgenden Versuchstagen fütterten wir häufig neben Milch noch Abkochungen von Hafermehl und Reis, um die Konsistenz der Faeces wieder zu erhöhen. Der Erfolg blieb aus, nur erfolgten die Entleerungen seltener. Von weiteren Stoffwechselversuchen mußte Abstand genommen werden, da das Auffangen der Faeces nur durch Ausschwemmen hätte erfolgen können, worauf der Versuchsraum jedoch nicht eingerichtet war. Die Gewichtszunahme[1]) blieb dauernd gut; es muß demnach das Anhalten der dünnbreiigen Entleerungen auf eine gutartige Darmreizung zurückgeführt werden. Die Faecesreaktion war dabei neutral bis schwach sauer.

---

[1]) Zum Vergleich mit den früheren Versuchstieren sind die Gewichtskurven S. 76 noch einmal zusammengestellt (Tabelle V).

Seit Ende Juni beobachteten wir, daß die Gummihandschuhe allmählich durch die Benetzung mit Wasserstoffsuperoxyd so angegriffen waren, daß bei jeder stärkeren Inanspruchnahme Risse auftraten. Eine Infektion des Innenraumes konnte zwar noch einige Zeit dadurch vermieden werden, daß wir stets vor dem Eingehen in die Handschuhe Hände und Arme mit Sublimatlösung desinfizierten, aber am 6. Juli, dem 35. Versuchstage, ergab die bakteriologische Kontrolle, welche täglich ausgeführt wurde, zum ersten Mal das Vorhandensein von Bakterien der Subtilisgruppe in den Faeces. Letztere waren dabei zuerst (bei der Entleerung) von feinen Blasen durchsetzt, diese Erscheinung verschwand aber bald wieder. Da wir nach den Erfahrungen des vorhergehenden Versuches keine besondere Wirkung von den eingedrungenen Bacillen erwarten konnten, eine Infektion mit weiteren Bakterienarten infolge der Undichtigkeiten der Handschuhe auch jeden Tag eintreten konnte, so wurde am 7. VII. mittags eine Flasche Milch, die reichlich mit Bacterium coli — aus Schweinedarm gezüchtet — versetzt war, verfüttert, um den Antagonismus der Keime und eventuell den Einfluß des Koli zu beobachten. Die am Abend desselben Tages entleerten dünnflüssigen Faeces waren mit massenhaft Koli infiziert, letztere hatten demnach in 8 Stunden den Darm passiert und waren durch die bacterieiden Kräfte des Darmkanals nicht abgetötet worden. Heubacillen waren mikroskopisch noch in beträchtlicher Menge nachweisbar, aber offenbar schon großenteils abgestorben, denn auf der Agarplatte wuchsen nur vereinzelte Kolonien. In den nächsten Tagen traten die Heubacillen noch mehr zurück, so daß ihr Nachweis nur noch kulturell dadurch gelang, daß man eine größere Menge Faeces in Bouillonkölbchen verimpfte; es trat dann nach drei- bis fünftägigem Wachstum ein Häutchen aus Heubacillen an der Oberfläche auf.

Die Koliinfektion war klinisch ohne erkennbaren Einfluß auf das Wohlbefinden des Versuchstieres. Sein Appetit schien etwas verringert zu sein, doch ließen sich ohne besondere Schwierigkeit 1500 ccm Milch pro Tag weiter verfüttern. Die Faeces waren am 7. 7. abends sehr dünnflüssig und mit feinen Gasblasen durchsetzt. Ein besonderer Geruch war nicht bemerkbar. Der Harn wurde allmählich dunkler und nahm schwach saure Reaktion an. Am 8. 7. nimmt das Tier nur 1250 ccm Milch auf und verhält sich ziemlich ruhig. Am 9. 7. wird wieder das frühere Milchquantum verzehrt, die Faeces haben vermehrte Konsistenz, aber keine Formung angenommen und zeigen deutlichen Fäkalgeruch. Die Gasblasenbeimengungen sind verschwunden; die Reaktion ist schwach sauer.

Da am 12. Juli neben den reichlich vorhandenen Kolibacillen noch Enterokokken in den Faeces beobachtet wurden, so wurde am 13. vormittags das Ziegenlamm aus dem Apparat herausgenommen und in den Ziegenstall verbracht. Von einer Schlachtung des Tieres wurde Abstand genommen, um an der weiteren Entwicklung feststellen zu können, ob durch die fünfwöchige keimfreie Haltung irgend ein besonderer Schaden herbeigeführt worden sei.

Das Aussehen des Tieres nach der Freilassung und ebenso der Verlauf der Gewichtskurve ließ zunächst einen Stillstand, wenn nicht Rückschritt in der Entwicklung erkennen, eine Erscheinung, die bei den veränderten äußeren Lebensbedingungen, trotz gleicher Nahrung nicht wundernehmen kann. Auch die aufgenommene

Nahrungsmenge war in den ersten Freiheitstagen wesentlich vermindert, da das Tier sich vor seinem Wärter fürchtete. Die Faeces blieben einstweilen noch immer dünnbreiig. Am 22. 7. wurde zum ersten Male selbständige Nahrungsaufnahme und zwar Verzehren von Grünfutter beobachtet. Am 8. 8. trat Wiederkäuen ein und am 9. 8. wurden zum ersten Male Faeces von typischer Formung abgesetzt. Die letzten Beobachtungen mögen an sich belanglos erscheinen, sind aber praktisch für einen späteren

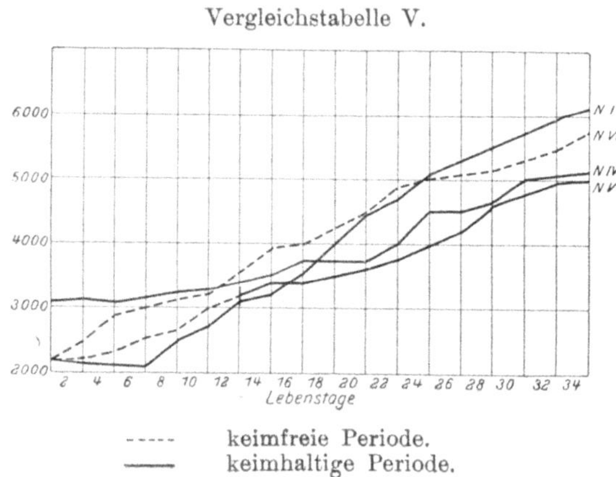

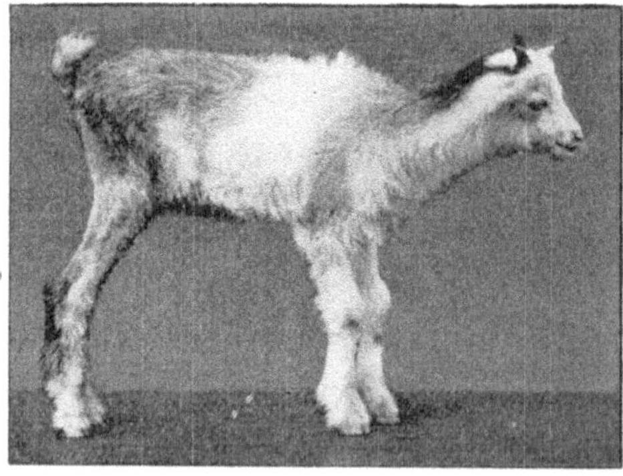

Fig. 11.   Das keimfrei aufgezogene Ziegenlamm Nr. 6 nach der Entnahme
aus dem Aufzuchtraum am 43. Lebenstage.

Versuch doch von Wichtigkeit, da sie einen Anhaltspunkt dafür bieten, wann man bei einem nach Sectio caesarea keimfrei aufgezogenen Ziegenlamm selbständige Nahrungsaufnahme und Wiederkäuen zu erwarten hat. Bis in die Zeit einer ganz selbständigen, der natürlichen möglichst nahe kommenden Ernährung muß nach meiner Ansicht die keimfreie Aufzucht durchgeführt werden, wenn über die Bedeutung der keimfreien Verdauung für das Leben der Ziege ein Urteil abgegeben werden soll.

Zusammenfassung und Schluß.

Aus dem Gesagten ergibt sich, daß es mir bisher zweimal gelungen ist, ein keimfreies Ziegenlamm zu gewinnen und im keimfreien Raume bei keimfreier Nahrung und keimfreier Luft aufzuziehen. Diese Lämmer entwickelten sich, wenigstens bis zu 35 Tagen = der längsten Versuchsdauer, genau so gut, wie in keimhaltiger Umgebung aufgezogene Kontrolltiere.

Bei kritischer Betrachtung der vorhandenen Literatur darf dieses Ergebnis als die erste einwandfrei gelungene keimfreie Aufzucht von Säugetieren bezeichnet werden.

Die großen technischen Schwierigkeiten, welche bei diesen ersten Versuchen zu überwinden waren, machten es unmöglich, gleichzeitig auch der Lösung vieler sich daraus ergebender Fragen in größerem Umfang näherzutreten. Die Wiederholung der Versuche wird unter Ausnützung der bisherigen Erfahrungen sich leichter bewerkstelligen lassen und somit die Möglichkeit schaffen, einem neuen und aussichtsreichen wissenschaftlichen Forschungsgebiet die volle Aufmerksamkeit zuzuwenden. Der große Umfang desselben läßt sich etwa durch folgende Fragen andeuten:

1. Wie verdaut und resorbiert ein keimfreies Tier bei natürlicher Nahrung?

2. Wie verdaut und resorbiert ein keimfreies Tier bei der Einführung künstlicher Nährpräparate z. B. Eiweißbausteine nach Abderhalden?

3. Welche Bedeutung haben die verschiedenen Darmbakterien für die Verdauung und das Leben?

4. Wie verläuft Wundheilung (äußere Wunden, Organwunden) und Entzündung beim keimfreien Tier?

5. Wie entwickelt sich beim keimfreien Tier natürliche und künstliche Immunität?

6. Wie findet der Abbau therapeutischer Präparate im keimfreien Tier statt?

7. Ist es möglich, Keime, die beim normalen Tier nicht haften, bei dem keimfreien Tier, dem jeder bakterielle Antagonismus und jede erworbene Immunität fehlt, zur Vermehrung zu bringen und so Krankheiten, die sich bisher bei Tieren überhaupt oder bei unseren Laboratoriumstieren nicht erzeugen ließen, dem Studium zugänglich zu machen?

8. Eignet sich das keimfreie Tier zur Herstellung keimfreier Lymphe und monovalenten Serums?

Literatur.

Bertrand et Compton, Recherches sur l'individualité de la cellase et de l'émulsion. Annal. de l'institut Past. XXIV. 1910, S. 931.

Bienstock, B., Über die Bakterien der Faeces. Jahrbuch f. klin. Medizin. Bd. VIII. 1884, S. 1.

Bogdanow, Über das Züchten der gewöhnlichen Fleischfliege in sterilisierten Nährmitteln. Arch. f. d. gesamte Physiologie. 1906. Bd. 1/8.

Derselbe, Der Tod aus Altersschwäche. Bonn. 1908.

Derselbe, Über die Abhängigkeit des Wachstums der Fliegenlarven von Bakterien und Fermenten und über Variabilität und Vererbung bei Fleischfliegen. Arch. f. Anatomie und Physiologie. Suppl. Bd. 1908, S. 173.

Böhm-Schwenk, Die Eiweißfäulnis im Darmkanal von Pflanzenfressern. Zeitschr. f. Biologie XX. 215. 1884.

Brown u. Morris, Researches on the Germination of some of the Gramineas. Journal of the Chemical Society. 1890, Bd. 57, S. 497—504.

Charcot, Rapport préliminaire de l'expédition antarctique française. La Géographie. Bulletin de la Société de Géographie. Bd. XI, Nr. 6, S. 409. 1905.

Cohendy, Aperçus sur la Morphologie de la Flora Intestinale de l'homme. Compt. rend. de la Société de Biologie. 1906, S. 415.

Derselbe, Expériences sur la vie sans microbes. Annales de l'Institut Pasteur. XXVI, S. 106, 1912.

Couvreur, Sur la destinée des microbes normaux du tube digestif chez les insectes à métamorphose. Compt. rend. de la Société de Biologie. Bd. 61. 1906, S. 422.

Delcomt et Guyénot, Bulletin scientifique France et Belgique. XLV. 1911.

Dobrowebski, Des microbes producteurs de phénol. Annales de l'Institut Pasteur. XXIV, S. 595.

Ducleaux, Sur la germination dans un sol riche au matières organiques, mais exempt de microbes. Pasteur: Observations rélatives à la note précédente. Compt. rend. 1885, T : C. S. 66.

Ekelöf, Ergebnisse der schwedischen Südpolexpedition. Bakt. Studien 1901—03, Bd. IV, Lief. 7. Stockholm 1908.

Gazest, Bericht der Deutschen Südpolexpedition 1902—03. Veröff. d. Inst. f. Meereskunde d. geolog. Inst. d. Univ. Berlin. 1903, H. 5.

Guyénot, Études biologiques sur une mouche. Possibilité de vie aseptique pour l'individu et la lignée. Compt. rend. de la Société de la Biologie. 1913, S. 97; 178.

Harvey Pirie, Notes on antarctic bacteriology. The scottish oceanograph. Laborat. Edinburgh 1912.

Hesse, Bakteriolog. Untersuchungen auf einer Fahrt nach Island usw. Zentralbl. f. Bakt. 1914. Orig.-Bd. 72, S. 454.

Henneberg u. Stohmann, Über die Bedeutung der Cellulose-Gärung für die Ernährung der Tiere. Zeitschr. f. Biolog. Bd. III, 1885, S. 613.

Hofmann, Zeitschr. f. Biologie Bd. 8.

Holderer, Recherches sur la cellulose, nouvelle diastase dédoublant la cellase. Annales de l'Institut Pasteur. T. XXXIV, S. 180.

Kianizin, Influence de la Stérilisation des milieux habités, de l'air respiré et des aliments ingérés sur la digestion et le métabolisme des organismes animaux. Journal de Physiologie et Pathologie Nr. 5; 1911.

Derselbe, Journal de l'Hygiène (russe) 1894.

Derselbe, Journal de l'Hygiène (russe) 1900. T. VIII u. IX.

Derselbe, Influence de l'air stérilisé sur l'assimilation de l'azote et l'exceltion d'acide carbonique chez les animaux. Archiv de Biologie 1895. XIII, S. 339.

Derselbe, Nouvelles expériences sur l'influence de l'air stérilisé sur les animaux. Archive de Biologie 1900, Bd. XVI, S. 663.

Derselbe, Weitere Untersuchungen über den Einfluß sterilisierter Luft auf Tiere. Virchows Archiv 1900. Flg. 16; Bd. II, S. 515.

Knieriem, W., Über Verwertung der Cellulose im tierischen Organismus. Zeitschr. f. Biologie. Bd. III. 1885, S. 67.

Koch, Zur Untersuchung pathogener Mikroorganismen. Mitteil. aus dem Kaiserl. Gesundheitsamte, Bd. I.

Kohlbrugge, Die Autosterilisation des Dünndarmes und die Bedeutung des Coecums. Zentralbl. f. Bakt. Orig. Bd. XXIX.

Derselbe, Der Darm und seine Bakterien. Zentralbl. f. Bakt. Orig. Bd. XXX.

Küster, Die keimfreie Züchtung von Säugetieren. Zentralbl. f. Bakt. Bd. LIV. Beiheft.

Derselbe, Die normale Darmflora des Menschen. Handb. d. path. Mikroorg. von Kolle-Wassermann. II. Ausg.

Derselbe, Die Gewinnung und Züchtung keimfreier Säugetiere. Deutsche med. Wochenschr. 1913, Nr. 33.

Levin, Les microbes dans les régions arctiques. Annal. de l'Institut Pasteur XIII. 558. 1899.

Metchnikoff, E., Études sur la flore intestinale. Annal. de l'Institut Pasteur. XXIII, S. 929.

Derselbe, Poisons intestinaux et scléroses (II). Annal. de l'Institut Pasteur. XXIV, S. 755.

Derselbe, Études sur la flore intestinale. I u. II. Annales de l'Institut Pasteur. XXII, S. 929. XXIV. 755.

Metchnikoff, O., Nutrition des Tétards. Annales de l'Institut Pasteur. XV. 631. 1901.

Metchnikoff, Weinberg, Pozuski, Distaso et Berthelot, Rousettes et microbes. Annales de l'Institut Pasteur. 1909. XXIII, S. 937.

Moro, Der Schotteliussche Versuch an Kaltblütern. Jahrbuch der Kinderheilkunde. Bd. XII, H. 4, S. 467.

Nencki, Bemerkungen zu einer Bemerkung Pasteurs. Arch. f. exp. Pathologie u. Pharmakologie. Bd. XX. 1886, S. 385.

Nutall u. Thierfelder, Tierisches Leben ohne Bakterien im Verdauungskanal. Zeitschr. f. physiol. Chemie. 1895 I. Mitteil. Bd. XXI, S. 109. — 1896 II. Mitteil. Bd. XXII, S. 62. — 1897 III. Mitteil. Bd. XXIII, S. 231.

Nicolle, Actions des Bac. subtilis sur diverses bactéries. Annales de l'Institut Pasteur. XXI, S. 613.

Derselbe, Les microbes intestinaux. Bulletin de l'Institut Pasteur. t. I, Nr. 7, S. 268.

Pasteur, Compt. rendus de l'Académie des sciences. Vol. 100.

Prince de Monacco Albert, I., Sur la troisième campagne de la Princesse Alice. Extrait de Compt. rend. des séances de l'Académie.

Pflüger, Pflügers Archiv 51, S. 229.

Pinoy, Rôles des bactéries dans le développement de certains myxomycètes. Annales de l'Institut Pasteur. XXI, S. 622.

Poehl, Zeitschr. f. med. Chemie. 1896, S. 599.

Derselbe, Zeitschr. f. med. Chemie u. Pharmakologie 1896, Nr. 13 u. 16, S. 556, 560.

Portier, La vie dans la nature à l'abri des Microbes. Compt. rend. de la Société de la Biologie. 1905. LVII, S. 605.

Pringsheim et Zemplén, Celluloseforschung. Zeitschr. f. physiolog. Chemie. LXII. 1909, S. 367.

Reinitzer, Über das zellwandlösende Enzym der Gerste. Zeitschr. f. physiol. Chemie. Bd. XXIII, S. 175. 1897.

Ribbert, Archiv f. Anat. u. Physiologie. Physiolog. Abteil. Suppl. 1908, S. 173.

Seaver und Clark, Sterilisation des Bodens. Biochem. Bull. 1912. Bd. I.

Schottelius, Die Bedeutung der Darmbakterien für die Ernährung. 1899 I. Archiv f. Hygiene. Bd. 34, S. 210. — II. Archiv f. Hygiene. Bd. 42, S. 48. — III. Archiv f. Hygiene. Bd. 47, S. 177. — IV. Archiv f. Hygiene. Bd. 79, S. 289.

Sucksdorff, Das quantitative Vorkommen von Spaltpilzen im menschlichen Darmkanal. Archiv f. Hygiene. Bd. IV, 1886, S. 355.

Senator, Über das Vorkommen von Produkten der Darmfäulnis bei Neugeborenen. Zeitschr. f. physiol. Chemie. Bd. IV.

Scheuerlen, Über Ziegenmilch. Verh. Deutsch. Naturf. und Ärzte. Stuttgart 1906. II. Abt. 317.

Tappeiner, Untersuchungen über die Gärung der Cellulose, insbesondere über deren Lösung im Darmkanal. Zeitschr. f. Biologie. Bd. 20, S. 52.

Weinberg und Soeves, Flore internationale des helminthes. Compt. rend. de la Société de Biologie. 1906. T. LXI, S. 560.

Wollmann, Action de l'intestin grêle sur les microbes. Annales de l'Institut Pasteur. XXIV, S. 807.

Derselbe, Sur l'élévage des mouches stériles. Annales de l'Institut Pasteur. Bd. XXV, S. 79.

Derselbe, Sur l'élévage des tétards stériles. Annales de l'Institut Pasteur 1913, H. 2, S. 154.

Wollny, Über die Tätigkeit niederer Organismen im Boden. Braunschweig 1883.

Bertrand et Holderer, Recherches sur la cellase. Annales de l'institut Pasteur. T. XXIV, S. 180.